아
이

찾
는

아
이

대원불교 문화총서

7

아이 찾는 아이

김태라

지음

운주사

1. 아이라이크

아침 햇살이 눈을 찌른다. 고타는 눈을 뜬다. 그리고 다시 눈을 감는다. 침대 옆 푸른 버튼을 누른 채. 눈이 감기자마자 새로운 세계가 펼쳐진다. 정령이 날아다니고 몬스터가 살아 있는 황금빛 대지다. 언제 떴는지 고타의 눈은 둥그레져 있다. 눈빛도 사파이어처럼 빛난다.

　고타는 거인이다. 산만큼 큰 몸이 기지개를 켠다.

　"웰컴, 아이라이크!"

　웅장한 효과음이 들린다. 오늘도 '아이라이크(I LIKE)'에서 고타의 하루가 시작된다.

'오늘은 97레벨로!'

고타는 세상을 휘둘러 보며 심호흡을 했다. 그러자 아이라이크 세계에 큰 바람이 분다. 나뭇잎이 휘날리고 황금빛 대지가 출렁거린다. 자신의 입김 하나에 요동치는 세계라니, 이보다 더 신날 수 없다.

"으하하하……."

고타가 크게 웃자 또다시 세계가 춤을 춘다. 96레벨의 거인이 되니 숨 쉬는 일까지 재미있다. 한 손으로 산을 무너뜨릴 수도 있다. 하지만 그러지는 않는다. 고타는 아이라이크 세계를 좋아하기 때문이다. 아주 많이.

아이라이크는 몸 만드는 게임 메타버스다. '아이 (I)'라 불리는 아바타에 링크해 그 몸을 키우는 게임이다. 퀘스트를 통과해 레벨이 올라갈수록 아바타의 몸이 커진다. 몸이 커질수록 힘도 강해지고 능력도 많아진다.

열일곱 살 소년 고타에게 현실보다 더 현실적인 세계가 바로 아이라이크였다. 고타는 하루라도 이곳에 들어오지 않는 날이 없었다. 오늘 같은 주말엔 온종

일 아이라이크에서 지냈다. 침대에 누운 상태로. 바깥에서 보면 눈 감고 잠들어 있는 모습이다. 그러나 현실의 눈이 감긴 순간, 거인 고타의 의식은 깨어난다. 그리고 그 의식 세계 안에선 현실보다 더 진짜 같고 흥미진진한 일들이 펼쳐진다.

"I Like 아이라이크, I Like……."

고타가 아이라이크 테마송을 불렀다. 매일같이 불러도 질리지 않는 노래다. 고타의 흥얼거림에 맞춰 반주가 적당한 크기로 흘러나온다. 아이라이크에선 요청하지 않아도 필요한 것이 척척 주어진다. 레벨이 높아질수록 더욱 그렇다. 이런 마법 같은 세계를 한 번이라도 맛보면 헤어날 수 없다.

고타가 아이라이크에 빠지게 된 건 작년부터였다. 열여섯 살의 고타는 신념이 강한 성격 때문에 반에서 따돌림 비슷한 일을 당하게 되었다. 아이들은 고타의 생각을 이해하지 못했고 고타는 자신을 설득시키는 일이 힘들었다. 그래서 차츰 입을 다물게 되었고 얼마쯤 지나자 고타 주변에는 아무도 없었다. 아이들이 고타를 대놓고 따돌린 건 아니지만 고타는 학교에서 존재하지 않는 사람이나 다름없었다.

학생의 현실은 학교 중심으로 돌아간다. 그리고 학교를 중심으로 돌아가는 현실 세계엔 재미있는 일이 없었다. 재미는커녕 나날이 괴로움의 연속이었다. 부처님도 그렇게 말씀하시지 않았던가. 인생은 고통이라고. 고타는 그 말에 백 번 동감했다. 그래서 현실이라는 고통의 바다에서 로그아웃하고, 환상적인 낙원의 세계에 로그인한 것이다.

그렇게 고타는 아이라이크 마니아가 되어 사계절을 보냈다. 그사이 해가 바뀌어 친구도 생겼지만 고타는 아이라이크에서 나올 생각이 없었다. 고타에게 아이라이크는 0순위 친구였다. 이제 아이라이크 없는 고타의 삶은 상상할 수 없었다.

"I Like 아이라이크, I Like……."

또다시 고타 입에서 테마송이 흘러나온다. 고타의 아이는 거의 최고 레벨에 올라와 있다. 100등급 중 96등급, 이제 고지가 눈앞이다. 고타의 아이만큼 거대한 아바타는 찾기 어렵다. 레벨 100에 이른 아이가 한 명 있다고는 들었다. 그는 '전설의 만렙'이라 불리고 있지만 고타는 그를 아직 보지 못했다.

레벨 100이 되면 어떤 기분일까? 지금보다 얼마나 더 크고 강력할까? 고타는 만렙에 이른 자기 모습을 떠올려 봤다. 그러자 눈앞에 그것이 홀로그램으로 나타났다. 거인의 왕, 그는 온몸으로 눈부신 광채를 내뿜고 있었다. 얼마 뒤에 자신이 그 모습이 된다고 생각하니 고타는 가슴이 벅차올랐다. 얼른 레벨업을 하고 싶었다.

'저들은 나를 부러워하겠지.'

고타가 작은 아이(I)들을 내려다보며 생각했다. 낮은 레벨에 있는 아이들은 고타 눈에 돌멩이나 씨앗처럼 보인다. 그들은 거인에게 밟히지 않기 위해 그들의 트랙 안에서만 움직인다. 고타의 친구 용수의 아이 또한 그렇다.

"고타!"

용수였다. 같은 반 친구 용수는 지난주에 아이라이크에 입문했다. 레벨 1에 머물러 있는 용수는 고타 눈엔 잘 보이지도 않는다. 목소리 또한 들리지 않아서 레벨 1이 레벨 96에게 말을 걸려면 메가폰을 써야 한다.

고타가 자기에게 날아온 목소리를 클릭하자 용수의 위치가 빨갛게 표시됐다. 용수는 바닥에 콩처럼 붙어 있었다.

"하하, 아직 꼬맹이네."

고타가 손바닥에 용수를 올려놓았다. 용수의 몸은 고타의 새끼손가락보다 작았다. 아직 제대로 된 옷도 갖추지 못해 기본 슈트 차림이었다. 아이라이크에서 옷을 구입하려면 퀘스트를 수행해야 한다. 그런데 용수는 지금까지 아무것도 하지 않고 있었다.

"왜 계속 가만히 있는 거야?"

고타가 손바닥을 올리며 물었다.

2. 좋아하는 퀘스트

"난 좋아하는 게 없어."

용수의 목소리가 메가폰을 통해 들려왔다.

"그게 무슨 소리야?"

고타가 손바닥 위의 용수에게 물었다.

"여기서는 좋아하는 걸 해야 하잖아. 근데 난 그게 없다고."

그랬다. 아이라이크에서는 '내가 좋아하는' 퀘스트를 수행해야 한다. 좋아한다는 건 아이라이크 지수가 50이 넘는 것을 뜻한다. 50 이하의 퀘스트는 선택할 수 없다. 아바타가 그것을 골라도 퀘스트가 열리지 않는다.

고타는 용수를 이해할 수 없었다. 아이라이크의 퀘스트 종류는 천 가지가 넘기 때문이다. 그리고 고타에겐 모든 게 흥미로워 보여서 어떤 퀘스트를 선택하든 바로 시작할 수 있었다.

"정말 좋아하는 게 없어? 하나도?"

용수는 진지하게 고개를 끄덕였다. 손톱만 한 얼굴이 정색을 짓자 고타는 웃음이 나왔다. 하지만 입술을 깨물며 꾹 참았다. 웃음을 터뜨렸다간 손바닥 위의 용수가 날아갈지도 몰랐다. 거인의 콧바람만으로도 멀리 날아갈 수 있는 것이 레벨 1의 소인이었다.

고타가 웃음기를 거두고 물었다.

"고블린 잡기는 어때?"

"너무 징그러워."

용수가 얼굴을 찌푸렸다.

"그럼 퍼즐이나 도미노는?"

"너무 시시해."

"꽃 심기나 알밤 따기 같은 건?"

"그것도 별로야."

고타가 아무리 퀘스트를 권해도 용수는 고개만 내

저었다. 말만 그렇게 하는 게 아니었다. 실제로 용수의 아이라이크 지수는 모든 퀘스트 종류에서 30을 밑돌았다.

"아이 크는 맛을 보면 마음이 달라질 텐데."

고타가 어깨를 으쓱했다.

"아이 크는 맛이라니?"

"이 몸 말이야. 아바타 몸을 '아이(I)'라고 부르는 건 알지?"

"아, 그 아이."

용수의 아이가 잠시 밝아졌다. 뭔가에 흥미를 보일 때 나타나는 현상이다.

"레벨업 될 때마다 아이가 커지는데, 성장할 때 진짜 짜릿하거든."

고타의 아이도 환하게 밝아졌다. 그 빛이 너무 강해 용수는 눈을 가려야 했다. 고타가 다시 말했다.

"거인이 되면 세상이 다르게 보여."

고타의 말에는 위엄이 실려 있었다. 용수는 거대한 몸을 가진 고타가 부러웠다.

"어떻게 다른데?"

"말로 다 설명하긴 힘든데, 한마디로 세상이 아이만큼 커진다고 할까."

실제로 아이라이크는 아이의 레벨에 따라 그 환경이 달라지는 세계였다. 퀘스트를 깨면 레벨이 오르고 아이가 커진다. 아이가 커지면 생각도 커진다. 그리고 세계는 아이의 생각에 따라 서서히 변한다. 새로운 아이템이 생기는 것은 물론, 세상의 색깔이 밝고 선명해지며 숨 쉬는 공기까지 맑고 신선해진다. 세계가 아이와 함께 레벨업 되는 것이다. 크고 멋진 아이는 크고 멋진 세계에 산다. 이것이 아이라이크의 기본 규칙이었다.

"내 아이는 왜 이렇게 작지?"

용수가 투덜거렸다.

"레벨 1이니까 작지. 나도 처음엔 그랬어."

용수는 고타도 자기만큼 작았던 시절이 있었다는 사실이 믿기지 않았다. 고타가 이어 말했다.

"하지만 금방 커졌지."

"어떻게?"

"퀘스트를 닥치는 대로 수행했지."

고타가 창을 띄우자 현재까지 고타가 수행한 모든 과정들이 나타났다.

"와, 진짜 대단한데."

용수가 고타의 손바닥 위에서 박수를 쳤다.

"그러니까 너도 하라고."

"퀘스트를 선택할 수 없는데 어떻게 해?"

용수가 볼멘소리를 냈다.

"그러게. 그게 문제네."

고타는 그동안 아이라이크에서 수많은 플레이어를 만나봤지만, 좋아하는 퀘스트가 없어 제자리걸음을 하는 경우는 본 적이 없었다.

"나는 현실에서나 가상에서나 좋아하는 게 없어. 재미있는 것도 없고."

용수가 말했다. 고타 또한 현실에는 별로 좋은 게 없다고 생각했다. 지루하고 힘들기만 한 것이 현실이었다. 하지만 아이라이크 세계는 달랐다. 여기서는 모든 게 재미있고 신이 났다. 그리고 신나는 만큼 몸이 커졌다. 몸이 커지니 더욱 신났다.

고타의 아이는 쑥쑥 자라났다. 현실에서는 인기도

없고 왜소한 소년이지만 아이라이크에선 누구도 넘보지 못할 최고의 거인이 고타였다. 고타는 용수도 거인이 되었으면 싶었다. 그런데 용수의 아이는 영원한 소인으로 남으려는 듯했다.

"다 재미없다면, 이제 어쩌려고?"

고타가 용수의 점 같은 눈을 보며 물었다.

"그냥 여기서 나가려고."

용수가 결심한 듯 대답했다. 고타는 고개를 저었다.

"그냥은 못 나가."

거인의 음성이 세계를 울렸다.

3. 황소의 문

"못 나간다니? 왜?"

용수가 고타에게 물었다.

"황소의 문을 통과해야 해."

고타는 아이라이크 매뉴얼에 나와 있는 대로 말했다.

"황소의 문? 그게 뭔데?"

"레벨 1에서 현실 세계로 나가는 통로야."

"그냥 로그아웃하면 되는 거 아냐?"

용수가 고개를 갸웃했다.

"물론 그렇게 해도 되지. 하지만 너무 비겁하잖아. 아이라이크에서 레벨업을 하지 않고 나가는 정식 루트는 이것뿐이야."

고타가 손바닥을 올리며 선생님처럼 말했다.

"그냥 나가버리면?"

"아이라이크의 루저가 되는 거야. 패자도 아닌 루저. 그런 모습으로 세상에 나가고 싶어?"

고타의 말에 용수는 흠칫했다. 루저라는 말이 가슴을 찔렀다. 고타는 용수가 로그아웃으로 나가버릴 수 없다는 걸 알고 있었다.

"루저가 되기 싫으면 레벨 2로 올라선 뒤 나가든지, 아니면 레벨 1에서 황소의 문을 통과하든지."

용수는 입을 다물었다. 지금 상황에서 레벨업을 할 수 있는 방법은 없었다. 좋아하는 퀘스트가 없었으니까. 그렇다고 그냥 뛰쳐나가고 싶지도 않았다. 아무리 가상세계에서 붙여진 이름이라지만, 루저라는 꼬리표를 달고 현실에 나가는 건 어딘가 꺼림칙했다. 현실에서 그 기억이 사라지는 것도 아니니 그 사실이 계속 마음에 남을 것이다.

고타는 용수의 마음을 읽고 있었다. 용수가 어떤 선택을 할 건지도 알고 있었다. 용수는 고타의 손바닥 안에 있는, 고타의 또 다른 아이와도 같았다. 잠시 후 용수의 조그만 입이 열렸다.

"황소의 문이 어디 있는데?"

"그건 네가 부르면 열리는 거야."

용수는 고타가 알려준 방법대로 황소의 문을 불렀다. 그러자 용수의 눈앞이자 고타의 손바닥 위에 문이 나타났다. 한가운데 푸른 황소가 그려진 문이었다.

"하하, 신기하네."

고타도 황소의 문이 나타난 건 처음 보았다. 지금까지 고타에겐 황소의 문이 필요하지 않았기 때문이다. 말로만 듣던 신비의 문이 자기 손 위에 생겨난 걸 보니 웃음이 나지 않을 수 없었다. 아이라이크는 언제나 이렇게 고타를 즐겁게 했다.

"이걸 열고 나가면 되는 거야?"

고타가 고개를 끄덕였다. 고타도 황소의 문을 직접 통과해 본 일은 없었다. 하지만 게임의 룰은 잘 알고 있었다.

"기분이 좀 이상한데."

용수가 눈을 깜빡거렸다. 하지만 고타는 계속 웃음

이 새어 나왔다. 거인의 눈에는 그 문이 장난감처럼 보였다. 손바닥 위에 세워진 문은 앞뒤가 똑같았다. 문의 안이나 밖이나 고타의 손바닥 안이었다.

"일단 문을 열어봐."

고타가 말했지만 용수는 주춤거렸다.

"내 손 안에서 별일이야 있겠어?"

고타가 다시 말하자 용수도 조금 안심이 됐다.

"그래, 네 손바닥 안이니까."

용수가 고타의 거대한 눈을 보며 문을 열었다. 순간, 문에서 푸른 연기가 피어올랐다. 동시에 용수가 사라졌다. 순식간의 일이었다.

"헉!"

고타는 손바닥을 이리저리 살폈다. 그러나 용수의 아이는 어디에도 없었다. 손바닥엔 황소의 문만 남아 있었다. 문은 닫힌 채였다.

"용수야!"

고타가 황소의 문을 다시 열었다. 그리고 또 한 번 용수의 이름을 크게 불렀다. 목소리가 허공에 메아리 쳤다. 그 순간이었다. 고타는 자기를 빨아들이는 엄청

난 힘을 느꼈다. 미처 손 쓸 틈도 없었다. 고타의 거대
한 아이가 허물처럼 벗겨지며 조그만 문 속으로 빨려
들어갔다.

4. 사라진 몸

"내 아이!"

고타가 소리치며 빠져나가는 아이를 뒤따랐다. 몸
이 사라진 듯한 휑한 느낌 속에서 고타도, 고타의 아
이도 황소의 문을 통과했다. 고타는 그렇게 느꼈다.
고타가 문을 통과하자 문은 온데간데없었다. 사방 어
디를 살펴봐도 황소의 문은 보이지 않았다. 그런데
문이 사라진 것이 문제가 아니었다.

"여기는?"

고타는 눈을 크게 뜨고 두리번거렸다. 이곳은 아이
라이크 세계가 아니었다. 그러나 거기만큼 모든 것이
익숙했다. 늘 지나다니던 거리, 고타가 자주 갔던 편

의점과 아이스크림 가게, 그리고 저만치 고타가 사는 아파트까지.

"어떻게 현실로 나왔지?"

기억을 더듬어 봤지만 로그아웃을 한 적은 없었다. 이런 상황을 처음 겪는 것이라 어리둥절했지만 고타는 곧 이유를 생각해냈다. 황소의 문. 그 문을 통과해서 그런 것 같았다. 용수도 현실로 나가기 위해 문을 열었으니까. 그런데 같은 문을 통과한 용수는 보이지 않았다. 고타는 용수를 찾다가 깜짝 놀랐다. 보이지 않는 건 용수만이 아니었다.

"내 몸!"

고타가 소리쳤다. 자신의 몸이 사라져 있었다. 고타는 일반적인 육체가 아니라 반투명한 유동체 속에 있었다. 젤리 같기도 했고 연기 덩어리 같기도 했다. 그런데 이상하게도, 정상적인 몸이 아닌데도 세상을 보고 말을 할 수 있었다. 고타는 일부러 말을 뱉어봤지만 자기 목소리를 뚜렷이 들을 수 있었다. 그런데 그때 설마, 하는 생각이 스쳤다.

고타는 지나가는 사람에게 다가갔다. 중년 남성이

었다.

"아저씨."

고타가 남자를 불렀지만 그는 아무것도 보이지 않는 듯 그대로 스쳐 갔다. 고타의 목소리도 듣지 못하는 것이 분명했다. 또 다른 사람에게도 다가가 봤지만 마찬가지였다.

'나는 투명인간이 된 건가?'

고타는 흐릿한 몸속에서도 소름이 돋는 것을 느꼈다. 자신의 감각들은 예민하게 깨어 있는데 세상은 자기를 전혀 알아보지 못한다니. 현실의 악몽이 살아나는 듯했다. 그 느낌이 고타의 머리에 찬물을 끼얹었다. 정신을 차려야 한다는 생각이 송곳처럼 솟아났다.

'어떻게 된 일인지 생각해 보자.'

고타는 침착하게 마음을 가다듬었다. 지금 자신이 의지할 사람은 자기밖에 없었다. 지금뿐 아니라 언제나 그렇지 않았던가. 현실에서도 가상 세계에서도, 나의 의지처는 오직 나 자신뿐이다. 나는 나를 믿고 나아가야 한다. 고타는 이런 생각을 하며 심호흡을 했다. 그러자 흐릿했던 몸이 조금은 또렷해지는 듯했다.

아이라이크에서 자신의 아이가 황소의 문으로 빨려 들어간 건 기억했다. 그렇게 아이와 자신이 분리된 것도 이상했지만 어쨌든 그건 가상현실 속의 일이었다. 지금은 현실에 있으니 당연히 몸이 있어야 했다. 아이가 아닌 몸이.

그때였다.

"고타!"

반가운 목소리, 용수였다. 그런데 그 모습이 보이지 않았다.

"야, 어디 있는 거야?"

"여기, 바로 네 옆에."

고타는 소리 나는 쪽을 바라봤다. 희미하게 형체가 보였다. 용수는 고타보다 더 투명한 유동체로 존재하고 있었다. 눈여겨 보지 않으면 잘 보이지도 않았다. 하지만 다행스러운 것은, 레벨 1의 소인처럼 그 크기가 작지는 않다는 점이었다. 두 사람의 몸 크기는 비슷했다. 다만 유령처럼 흐릿할 뿐이었다.

"우리 몸이 왜 이렇게 된 거지?"

고타가 투명한 팔을 흔들며 물었다.

"황소의 문을 통과해서 그런지도."

"매뉴얼에도 그런 얘긴 없었는데. 현실에서 몸이 사라진……."

용수가 갑자기 고타의 말을 잘랐다.

"여기는 현실이 아니야."

5. 현실과 똑같은 비현실

"현실이 아니라니?"

용수의 말에 고타는 섬뜩한 기분이 들었다.

"저길 봐."

용수의 투명한 손가락이 높은 곳을 가리켰다. 고타는 깜짝 놀랐다. 생각지도 못했던 것이 그곳에 있었다.

"아이잖아!"

아이라이크의 아바타 몸이 허공에 둥둥 떠 있었다. 레벨 18이라는 표시와 함께였다. 그러나 그 아이에 의식이 없다는 건 한눈에 알 수 있었다. 주인 없는 아이는 눈이 감겨 있다. 아이라이크의 살아 있는 아이는 눈을 감지 않는다.

"아이가 왜 여기에……?"

고타는 어안이 벙벙했다. 그런데 용수는 고타보다
훨씬 침착한 얼굴이었다.

"아이가 있다는 건, 이곳이 현실이 아니라는 얘
기지."

용수가 또박또박 말했다.

"현실이 아니라면 어딘데?"

"그건 나도 모르지."

아이라이크 고수인 고타도 모르는 사실을 용수가
알 리 없었다. 그래도 고타는 용수에게 다시 물었다.

"우리의 이 투명한 몸은 뭘까?"

고타는 어이없는 상황에 대한 설명을 듣고 싶었다.
머리를 맞대고 추측이라도 해봐야 실마리를 잡을 수
있을 것 같았다.

"아이가 벗겨진 상태 아닐까?"

"그럼 우리의 아이도 저 아이처럼 어딘가에 떠 있
다는 거야?"

고타가 허공의 아이를 바라보며 말했다.

"그렇겠지."

용수도 위쪽을 바라보며 대답했다.

"그럼 이제⋯⋯."

"몸을 찾아야지."

둘이 이어서 말했다. 그때였다.

"얘들아!"

누군가 다가왔다. 그 목소리의 주인공 또한 투명한 몸이었다.

"너는⋯⋯?"

같은 반 여학생 제나였다. 학교에서 제나는 별로 눈에 띄지 않는 아이였다. 늘 조용했고 친한 친구도 없었다. 그런데 제나에겐 뭔가 신비로운 분위기가 있었다. 고타는 제나와 이야기를 나눠본 적은 없지만 은근히 관심을 가지고 있었다. 그런데 다가가기가 쉽지 않았다. 이런 곳에서 이런 모습으로 마주하게 될 줄을 몰랐지만 어쨌든 제나를 만난 것이 반가웠다.

"너도 아이라이크 해?"

고타가 의외라는 듯 제나에게 물었다. 제나가 짧게 고개를 끄덕였다.

"너도 황소의 문을 열었어?"

이번에는 용수가 물었다.

"황소의 문? 그게 뭐야?"

제나가 되물었다.

"몰라? 황소가 그려진 문."

고타의 말에 제나는 고개를 저었다.

"황소의 문을 통과한 게 아니면 어떻게 여기에 왔어?"

"난 그냥 아이라이크에 접속한 것뿐인데."

"접속한 뒤에는? 별다른 일 없었어?"

고타의 말이 빨라졌다.

"응, 난 지금 퀘스트 수행 중이야."

제나가 담담하게 대답했지만 학교에서 봤던 모습 보다 훨씬 생기가 넘쳤다. 고타는 제나가 자신과 닮은 구석이 있다고 생각했다. 적응할 수 없는 현실에 선 조용하고 존재감이 없지만, 자기가 원하는 세계에 선 적극적이고 활달한 모습이 그랬다.

"무슨 퀘스트?"

용수가 물었다.

"사라진 아이 찾는 퀘스트."

"뭐?"

고타와 용수의 눈이 똑같이 동그래졌다.

"그럼 여기가 아이라이크 세계란 말야?"

고타는 믿을 수 없었다.

"응, 아이라이크지."

제나가 당연하다는 듯 말했다.

"그런데 왜 현실 세계와 똑같지?"

용수가 제나를 향해 물었다.

6. 잃어버린 아이를 찾아서

"난 레벨 100이야."

제나가 엉뚱한 대답을 했다. 그런데 고타의 눈이 커졌다.

"네가 바로 전설의 만렙?"

고타의 말에 제나가 고개를 끄덕였다.

"레벨 100이면 게임 끝인데."

용수가 중얼거렸다.

"맞아. 그렇게 한 세계가 끝났지."

제나는 레벨 100에 이르러 거인의 왕이 되었다. 그러나 왕이 된 기쁨도 잠시, 거인 아이가 폭발해 버렸다. 그리고 세계는 암흑이 되었다. 얼마 뒤 눈을 떠 보니 아이라이크의 환상 세계는 현실 세계로 바뀌어 있었다. 그러나 그 현실이라는 것은 또 다른 환상의 세계였다. 현실 같은 가상 세계에서 게임은 계속되고 있었다.

"만렙에 이르면 바깥으로 나갈지 게임을 계속할지 선택할 수 있어. 그런데 나는 게임 쪽을 선택했지."

고타와 용수는 홀린 듯 제나의 이야기에 귀를 세웠다. 제나의 말이 이어졌다.

"세계는 아이가 만드는 거야."

"그게 무슨 소리야?"

고타가 제나를 빤히 봤다. 제나의 투명한 몸이 조금 뚜렷해진 것 같았다.

"우리는 왜 그렇게 아이를 키우려 했을까?"

제나가 고타와 용수를 번갈아 바라봤다.

"그거야, 몸 키우는 게……."

"게임의 룰이니까."

고타와 용수가 이어서 말했다.

"아이가 커질 때 어떤 기분이 들었어?"

제나가 다시 물었다.

"난 아직 레벨업을 해 본 적이 없어."

용수는 바로 대답할 수 있었다. 그러나 고타는 생각에 잠겼다. 아이가 커졌을 때의 기분, 그건 말로 다 설명하기 힘들었다.

아흔 번 넘게 레벨업을 해 온 고타지만, 해도 해도 좋은 것이 성장이었다. 한번 그 맛을 보면 두 번이고 세 번이고 도전하지 않을 수 없다. 레벨이 높아질 때마다 짜릿함이 배로 커진다. 그렇게 아이 커지는 맛을 즐기다 보니 고타는 어느새 거인이 되어 있었다. 고타의 분신과 다름없는 그 아이는 지금 어디에 있을까.

두 사람의 눈이 고타에게 쏠렸다.

"아이가 커지면, 한마디로 짜릿하지. 에너지가 폭발하는 듯…… 몸과 함께 세계가 확장되면서……."

"바로 그거야."

제나의 눈이 빛났다.

"뭐가?"

"아이와 함께 세계가 커지는 것."

"아!"

고타가 뭔가 알아챈 듯 눈을 빛내며 소리쳤다.

"레벨 100이 되면 아이가 세계만큼 커지지?"

제나가 고개를 끄덕였다. 그리고 또박또박 덧붙였다.

"그래서 세계 밖으로 나온 거야. 그게 이곳이고."

"세계 밖의 세계? 그럼 우리는 왜 여기에 있지?"

용수가 고개를 갸웃했다. 레벨 96의 고타, 그리고 레벨 1의 자신이 만렙의 제나와 함께 있는 이유가 궁금했다.

"황소의 문!"

고타가 외쳤다.

"그게 왜?"

"우리는 그 문을 그냥 통과했어."

고타는 게임의 규칙을 생각해냈다. 황소의 문과 관련된 규칙은 익숙하지 않았다. 그런데 오래전에 본 내용이 이제 떠올랐다. 황소의 문을 그냥 통과하면 안 되는 것이었다. 푸른 황소와 대결을 해야 하는데, 황소가 문에서 나오기도 전에 문을 열고 나온 것이다.

"그걸 지금 말하면 어떡해?"

용수가 미간을 찌푸렸다.

"그래서 너희가 여기에 오게 된 건가 봐. 어쨌든 이곳에서 해야 하는 퀘스트는 하나뿐이야."

제나가 침착한 얼굴로 말했다.

"그게 뭔데?"

용수가 다시 물었다. 자신에게도 퀘스트가 주어진 것인가.

"잃어버린 아이를 찾는 것."

"자기 아이와 하나 되는 것."

제나와 고타가 눈을 맞추며 말했다.

7. 푸른 황소를 만나다

사라진 아이 찾기. 용수도 짐작하고 있던 일이었다. 여기가 정말 또 다른 게임 세계라면 퀘스트를 수행해야 할 테니까. 용수는 자신에게 기회가 주어진다면 게임에 적극적으로 참여하리라 생각했다.

"그런데 말야, 내 아이는 눈에 보일까?"

용수의 말에 고타가 웃음을 터뜨렸다. 손바닥 위에 있던 용수의 미니미가 떠올랐기 때문이다. 제나는 웃지 않고 반대쪽을 가리켰다.

"저것 봐."

그곳에는 또 다른 아이가 있었다. 그 아이 또한 눈을 감은 채 허공에 떠 있었다. 그런데 그 높이가 손에 닿을 듯 낮았다.

"이 아이도 레벨 1이야!"

용수가 외쳤다.

"그런데 소인이 아니네."

그랬다. 아까 봤던 레벨 18의 아이와 비슷한 크기였다.

"이 세계에선 몸 크기가 다 똑같나?"

고타가 허공을 보며 중얼거렸다. 현실과 똑같은 아이라이크, 이 새로운 세계의 룰에 대해선 고타도 아는 것이 없었다.

"아마 그런 것 같아."

제나가 대답했다. 제나 또한 이 세계에선 초심자였다.

"내가 봤던 아이들이 전부 크기가 비슷했어. 아마 우리의 실제 몸 크기와 같은 것 같아."

"여긴 정말 현실 같은 세계네."

용수가 레벨 1의 아이를 보며 말했다. 용수는 얼떨결에 이곳에 들어와 당황스럽기도 했지만 내심 기쁜 마음도 들었다. 이제 자신에게도 할 일이 주어진 것이다. 그리고 그것은 이 세계에서 가장 중요한 일이었다. 자기 자신을 찾는 것. 용수는 가슴이 뛰었다. 얼른 아이를 찾아 자신도 당당히 여기서 나가고 싶었다. 루저라는 꼬리표 없이.

그때 고타의 눈이 빛났다.

"애들아, 이것 봐."

허공의 아이가 뭐라고 말을 하고 있었다. 그런데 그 말은 소리가 아니라 문자로 허공에 떠올랐다.

"이게 뭐지?"

"일신로 99-1……."

"주소야!"

허공의 아이들이 메시지를 전하고 있는 듯했다. 셋은 또 다른 아이를 살폈다. 역시 거기에도 메시지가 있었다.

"푸른 황소?"

"문 속에 있던 그 황소!"

고타와 용수가 마주 보며 외쳤다. 뭔가 가닥이 잡히는 느낌이었다.

"일단 저 주소로 가 보자."

"그래, 거기에 우리의 아이가 있을지도 몰라."

고타는 투명한 몸에서 힘이 솟는 듯했다.

"그런데 일신로가 어디지?"

용수의 물음에 고타가 검색 기능을 쓰려 했다. 그러나 투명한 몸으로는 아무것도 움직일 수 없었다.

"대체 어떻게 가라는 거지?"

제나가 허공의 메시지를 다시 살폈다. 그런데 그 순간이었다. 갑자기 주위 환경이 달라졌다. 셋은 완전히 새로운 장소에 있었다. 붉은 벽돌집들이 모여 있는 낯선 동네였다.

"여기는?"

길가에 '일신로 99-1'이라는 표지판이 붙어 있었다.

"와!"

고타의 입에서 탄성이 터져나왔다. 용수와 제나의 눈도 휘둥그레졌다.

"여기는……."

"생각대로 즉각 변하는 곳이야!"

제나가 소리쳤다.

"리얼존!"

고타도 생각이 났다. 아이라이크는 원래 아이의 레벨에 따라 환경이 변하는 세계지만, 그 변화가 곧바로 나타나지는 않는다. 게임 중 혼란이 일어나지 않도록 서서히 바뀌게 된다. 그런데 특정한 구역에 들어가면 아이의 생각이 곧바로 실현되기도 했다. 그 구역을 리얼존이라 불렀다. 세 사람은 지금 그곳에 있었다.

"그렇다면 이제……."

고타의 말과 함께 셋의 머릿속에 같은 것이 떠올랐다. 세 사람은 서로를 바라보며 입을 다물었다. 그때였다.

"으악!"

셋이 함께 비명을 질렀다. 저만치서 거대한 것이 달려오고 있었다. 푸른 황소였다.

견우牽牛

8. 푸른 황소를 따라서

"비켜!"

제나가 소리쳤다. 푸른 황소 한 마리가 돌진해 왔다. 거대한 몸체에서 시퍼런 기운이 뿜어져 나왔다. 셋은 황소를 피해 길가에 비켜섰다. 고타는 두려움과 경탄이 뒤섞인 마음으로 황소를 바라봤다. 그것을 피하고 싶은 동시에 그 몸에 올라타고픈 이상한 생각이 들었다.

그때였다. 돌연 황소가 세 마리로 늘어났다. 푸른 황소가 셋으로 복제된 듯했다. 세 마리 황소가 세 사람 앞으로 점점 가까이 다가왔다. 그때 세 사람은 동시에 보았다.

"뭐야, 저건!"

"황소 안에 아이가!"

바로 그들의 아이였다. 세 황소가 제각기 아이를 품고 있었다. 아이는 황소의 몸속에서 태아처럼 웅크려 있었다. 왼쪽 황소 속엔 용수의 아이, 가운데 황소 속엔 고타의 아이, 오른쪽 황소 속엔 제나의 아이가 있었다.

셋 모두 눈이 휘둥그레졌다.

"어떻게 아이가 저 속에 들어갔지?"

"그러게, 이상하네……."

셋이 아이를 바라보는 동안, 아이를 품은 황소들은 그들을 지나쳐 달아났다.

"어어!"

"잡아!"

용수와 고타가 소리쳤다. 셋의 투명한 몸이 푸른 황소를 따라갔다. 몸이 가벼워서 그런지 황소의 속도를 금방 따라잡을 수 있었다. 그들은 황소들과 함께 나는 듯이 달렸다. 세 마리 황소에서 푸른 빛이 나와 주위가 푸르게 변했다. 세 사람은 보이지 않은 끈으로 연결된 듯 자기 앞의 황소를 따라 계속해서 달렸다. 그들의 움직임과 함께 세계가 빠르게 뒤로 밀려났다.

그렇게 얼마쯤 갔을까. 주변 환경이 완전히 바뀌었다. 더 이상 익숙한 도시가 아니었다.

"여기는?"

"숲이잖아."

서늘하고 음침한 기운 속에서 셋은 달리기를 멈췄다. 황소들도 더 이상 빠르게 달리지 않았다. 세 마리 황소는 그들과 간격을 둔 채 천천히 움직이고 있었다. 세 사람도 같은 속도로 이동했다. 자신의 황소, 아니 아이에게 눈을 떼지 않은 채.

"가까이 가서 황소를 잡자."

용수가 소리 낮춰 말했다. 다른 두 사람도 같은 생각이었다.

"그래, 저 꼬리를 잡으면 되겠어."

고타도 속삭이듯 말했다. 황소의 길고 탐스러운 꼬리가 더없이 훌륭한 손잡이로 보였다.

세 사람은 잰걸음으로 황소와의 거리를 좁혔다. 그

리고 각자 자신의 황소에게 손을 뻗었다.

"잡았다!"

제나가 소리쳤다. 셋 모두 꼬리를 붙잡았다.

"헉! 뭐지?"

"분명 잡았는데!"

손에 남아 있는 건 없었다. 그런데 그들의 투명한 손이 푸른빛으로 물들어 있었다. 고타는 그 빛을 보니 왠지 모를 의욕이 솟아났다. 다음번에는 황소를 잡을 수 있을 것 같았다. 그 순간, 세 마리 황소가 다시 달리기 시작했다.

"잡아!"

셋이 같이 뛰었다. 그러나 황소의 속도가 아까와는 달랐다. 세 사람은 온 힘을 다해 달렸지만 황소들은 순식간에 시야에서 사라져 버렸다.

"어디로 간 거지?"

고타가 두리번거렸다. 물음에 대답이라도 하듯 깊은 숲속에서 푸른 빛줄기가 뻗어 나왔다. 세 가닥이었다.

"황소들이 우리를 부르고 있어."

제나가 말했다. 고타와 용수도 그렇게 느꼈다.

"가자."

세 사람은 눈을 맞췄다. 그들은 무엇을 해야 하는지 알고 있었다. 셋은 빛을 따라 어두운 숲속으로 들어갔다.

9. 푸른 황소를 잡다

세 사람은 각자 자기 앞의 빛줄기를 붙잡았다. 용수는 왼쪽, 고타는 중간, 제나는 오른쪽 빛을 손에 쥐었다. 빛줄기는 황소의 꼬리처럼 손에 꽉 찼다.

"빛이 질량을 가진 것 같아."

제나가 빛을 쥔 손을 펴며 말했다.

"손이 파래."

셋 모두 손이 파랗게 물들었다. 황소의 꼬리를 잡았을 때보다 색이 진했다. 투명한 몸에 색깔이 입혀지자 그들의 기분도 좋아졌다. 존재하지 않는 상태에서 조금씩 존재하게 되는 느낌이었다.

'지금 나는 손만큼만 존재한다.'

고타는 파란 손을 보며 생각했다. 그리고 완전히 존재하게 될 때까지 게임을 멈추지 않으리라 다짐했다. 그 끝이 어디든 끝까지 갈 것이다. 그렇게 이 현실 같은 게임을, 진짜 같은 가짜 세계를 넘어설 것이다.

셋 모두 같은 생각이었다. 세 사람이 하나의 존재인 듯 모두가 자신에게 주어진 일을 해내려는 의지로 타올랐다. 파란 손의 세 사람은 양손으로 빛줄기를 꽉 잡았다.

"꼭 줄다리기 하는 것 같네."

용수가 말했다.

"줄다리기? 그럼 저편의 상대는 누구지?"

"황소, 아니 아이겠지."

제나의 물음에 고타가 대답했다.

"그럼 이 줄다리기는 져야 이기는 게임이네."

제나가 알쏭달쏭한 말을 했다.

"무슨 소리야? 져야 이긴다니?"

"우리가 점점 저쪽으로 다가가야 하잖아."

이번엔 고타의 물음에 제나가 대답했다.

"정말 그렇네. 끌려갈수록 이기는 거네."

용수가 저편을 보며 말했다.

"가서 황소를 만나야지."

고타의 말에 갑자기 용수의 눈이 흔들렸다. 레벨 1의 초심자가 황소와 잘 싸울 수 있을까, 하는 생각이 들었기 때문이다. 용수는 지금껏 게임을 제대로 해본 적도 없었다.

"황소가 아니라 아이를 생각해."

용수의 마음을 읽은 듯 고타가 말했다.

"그래, 황소는 아이의 껍데기일 뿐이야."

제나가 말하며 황소 속 아이를 떠올렸다. 그리고 덧붙였다.

"여긴 아이라이크, 아이가 주인인 세계니까."

제나의 말에 고타가 눈을 빛냈다.

"가자!"

가운데서 고타가 앞장섰다. '져야 이기는' 게임에서 필요한 건 강한 힘도, 테크닉도, 아이템도 아니었다. 필요한 건 단 하나, 용기였다.

셋은 발을 맞춰 앞으로 나아갔다. 갈수록 두려움도 줄어들었다. 빛줄기는 끝없이 이어져 있는 듯했다. 가다 보니 다른 모든 것이 의식에서 사라졌다. 셋은 오직 눈앞에, 손안에 있는 빛만 따라 전진했다.

그렇게 얼마쯤 갔을까.

"어?"

고타가 걸음을 멈췄다. 양옆의 친구들이 보이지 않았다. 고타는 어두운 숲속에 홀로 남아 있었다. 동시에 빛줄기도 사라졌다. 그리고 더 큰 빛이 나타났다.

'황소다!'

고타는 숨을 죽였다. 황소는 가만히 등을 내밀고 있었다. 고타는 잠시 황소를 바라봤다. 그리고 잽싸게 몸을 날려 그 등에 올라탔다.

"잡았다!"

고타의 가슴이 푸른 환희로 차올랐다. 온몸이 차갑고도 뜨거워진 기분이었다. 그러나 기쁨도 한순간이었다. 돌연 황소가 거칠게 날뛰기 시작했다.

10. 날뛰는 황소

"으악!"

황소가 크게 날뛰며 고타를 동댕이쳤다. 황소의 기운은 상상 이상이었다. 실제 현실 속의 황소도 이만큼 힘이 세지는 않을 것 같았다. 황소는 무서운 기운을 내뿜으며 고타를 떼어내고 도망치려 했다.

"안 돼!"

고타는 곧바로 일어나 다시 소의 등에 올라탔다. 황소는 더욱 거칠게 몸부림을 쳤다. 고타가 황소에게 매달릴수록 소의 힘은 더욱 강해지는 듯했다.

고타는 황소 등에서 미끄러졌고, 바닥에 떨어지기 전 간신히 꼬리를 붙잡았다. 그러자 황소는 꼬리를 사정없이 흔들었다. 꼬리에서도 엄청난 힘이 느껴졌다. 이번에는 소의 온 힘이 꼬리에 집중된 듯했다. 고타는 꼬리에 매달린 채 종잇장처럼 춤을 췄다. 꼬리를 잡고 있기가 벅차고 괴로웠지만 고타는 오직 하나의 생각뿐이었다.

'놓치면 안 돼!'

고타는 손에 더욱 힘을 주었다. 황소는 고타를 내치려는 생각뿐인 듯했다. 황소 꼬리에 더 강한 힘이 실렸다. 그럴수록 고타도 더욱 힘을 냈다. 그러면 황소는 더 큰 힘을 냈고, 고타는 차츰 빛으로 밝아졌다. 손을 통해 흘러든 푸른빛이 몸을 물들인 것이다. 고타는 전신에 에너지가 충전되는 느낌이 들었다.

그러자 꼬리에 매달리는 일이 더 이상 힘겹지 않게 느껴졌다. 출렁거리는 몸의 흐름을 타고 노는 것 같기도 했다. 고타는 자신과 황소가 둘이 아니라는 생각이 들었다. 실제로 고타의 몸은 황소와 같은 색으로 빛나고 있었다.

어느 순간 고타의 온몸이 푸르게 변했다. 날뛰던 황소가 돌연 동작을 멈췄다. 힘이 빠졌는지 더 이상

움직이지 않았다. 고타는 가만히 손을 놓았다. 그리고 황소 앞으로 가서 그 앞에 섰다.

"엇!"

고타는 놀라 소리쳤다. 파랬던 황소의 몸이 투명하게 변해 있었다. 황소 몸속의 아이가 그대로 비쳤다. 고타의 아이였다. 거인이었던 아이가 축소된 채 소의 몸속에 웅크려 있었다.

눈을 감은 아이는 인상을 잔뜩 찌푸리고 있었다. 고타 자신의 표정 같았다. 거인을 작은 단지 속에 가두었으니 기분이 상할 만도 했다. 고타는 언젠가 영화에서 보았던 알라딘 램프 속 거인이 떠올랐다. 세 가지 소원을 들어주는 지니. 자신의 아이는 바로 그런 존재 같았다. 지금 고타에게 가장 절실한 소원은 그 거인을 세상으로 나오게 하는 일이었다.

'나의 지니를 어떻게 꺼내지?'

황소 몸에서 나오면 아이는 지니처럼 신기한 능력을 발휘할지도 몰랐다. 푸른 고타는 투명한 황소를 바라보며 생각에 잠겼다. 아이가 없는 동안 자신이 이렇게 변했듯 아이도 업그레이드되었을 것 같았다.

고타가 아이를 바라보는 동안, 황소 몸에 푸른빛이 서서히 올라오기 시작했다. 반대로 황소 안의 아이는 푸른빛에 잠겨 흐릿해졌다. 조금 더 지나자, 황소 속의 그것이 아이인지도 분간할 수 없게 되었다.

"이러면 안 돼."

고타는 가슴이 철렁했다. 황소의 힘이 살아나면 또다시 싸움을 벌여야 할지 몰랐다. 분명히 그럴 것이다. 그리고 그동안의 게임 경험상, 두 번째 전투는 이전보다 더 힘들 것이었다.

고타는 주위를 둘러봤다. 발밑에 뭔가가 있었다. 거무죽죽한 선 뭉치였다. 고타가 황소를 만나기 전에 붙잡고 왔던 그 푸른 빛줄기 같았다. 지금은 색이 사라져 칙칙한 빛을 띠고 있었지만 그것은 지금 꼭 필요한 것이었다. 고타는 그 선으로 무엇을 해야 할지 알았다. 다행히 황소는 아직 얌전했다. 지금이 기회였다.

고타는 선의 한쪽 끝을 황소 발목에 감았다. 그리고 다른 쪽 끝을 자기 발목에 감았다. 그러자 빛을 잃었던 선이 다시 푸른빛을 내기 시작했다.

11. 거인이 된 황소

푸른 선은 그 자체의 의식을 가진 듯했다. 선은 꿈틀대면서 고타의 발목에 흡수되듯 감겨 왔다. 그러면서 점점 더 밝아졌다. 고타는 선이 신비로운 빛을 내는 광경을 지켜보았다. 그것은 마치 죽었던 것이 되살아나는 과정처럼 여겨졌다. 실제로 그랬다. 그것은 살아 있었다. 선은 말을 할 줄 알았다.

"고타."

고타는 너무 놀라 주저앉을 뻔했다. 그런데 발목의 선이 고타를 지탱해 주었다. 그 힘은 소처럼 강했다. 선에게 발목이 잡힌 고타는 맘대로 움직일 수가 없었다. 그리고 그건 황소 또한 마찬가지였다. 황소는 아까부터 꼼짝도 하지 않고 있었다.

"내 이름을 어떻게 알지?"

고타는 마음을 추스르고 선을 향해 물었다.

"나는 너를 아주 잘 알아."

선이 대답했다. 여자의 목소리와 남자의 목소리가 반씩 섞인 듯한 음성이었다. 선이 말을 할 때마다 고타와 황소의 몸이 동시에 푸른빛을 냈다. 고타는 그 이유가 궁금해졌다.

"그 이유가 뭘까?"

고타가 하려던 말을 선이 했다. 선은 고타의 마음을 읽고 있는 것일까.

"넌 내 마음을 아는 거야?"

고타가 선에게 물었다.

"나는."

말을 멈춘 선이 돌연 강한 빛을 내뿜었다. 그 에너지에 고타와 황소는 물론 어두운 숲까지 푸른빛에 휘감겼다. 세계가 빛으로 깨어난 듯했다. 푸른빛에 닿은 모든 것이 신비로운 생기로 반짝였다.

"와……."

고타의 입에서 감탄이 새어 나왔다. 푸른빛의 향연 속에서 고타는 가슴이 벅차올랐다. 아무런 생각도 들지 않았다. 지금 이 순간 고타는 모든 것을 이룬 듯했다. 지금 이대로 모든 것이 좋았다. 아이에 대한 욕망까지 사라졌다. 아이 없이도 나는 스스로 존재한다, 나는 있는 그대로의 나다, 이런 확신이 들었다.

고타는 푸른 세계 속에 존재하는 자신을 음미했다. 선도 한동안 가만히 빛을 발하고 있었다. 잠시 후, 선이 다시 말했다.

"나는, 너와 황소의 중간의식이야."

"중간의식? 그게 뭐지?"

고타도 침묵을 깨고 선에게 다시 물었다.

"너와 황소를 연결하는 의식."

"연결한다고?"

"응, 나는 너이기도 하고 너의 황소이기도 하지."

고타는 선의 말이 잘 이해되지 않았지만 입을 다물었다. 다물 수밖에 없었다. 황소가 깨어났기 때문이다.

"헉!"

푸른빛을 받은 황소의 몸이 움직이기 시작했다. 고타는 주먹에 힘을 주고 황소를 지켜봤다. 그런데 황소는 그냥 움직이는 것이 아니었다. 그 몸이 자라나고 있었다.

"어어!"

고타는 빠르게 커지는 황소 앞에서 넋을 놓고 서 있었다. 겁이 났지만 도망칠 수도 없었다. 고타와 황소는 이제 한 몸이었다. 황소와 하나가 되려 애썼던 만큼 고타는 그것에서 벗어날 수 없었다.

"이제 어떻게 해야 해?"

고타가 선을 보며 물었다. 커지는 황소의 발목에서도 선은 끊어지지 않았다. 오히려 황소와 함께 선도 굵게 자라나고 있었다. 그러나 선은 말없이 커지기만 할 뿐이었다.

"왜 커지는 거지?"

"왜 대답이 없어?"

고타가 선에게 거듭 물었지만 선은 아무 말도 하지 않았다. 그것은 그저 고타와 황소를 연결하는 역할에 충실할 뿐이었다. 잠시 후, 황소는 엄청난 크기로 자라났다.

고타의 아이, 거인의 크기였다.

12. 나와 황소

고타는 눈앞의 '기둥'을 보며 기둥처럼 서 있었다. 황소의 다리 하나가 거인의 집 기둥처럼 거대했다. 황소와 싸울 생각은 완전히 사라졌다. 사라질 수밖에 없었다. 싸움의 상대가 되지 않았다. 고타는 다만 자신과 황소를 선으로 묶은 것이 후회될 뿐이었다. 자신이 뭔가에 홀렸던 것 같았다.

'혹시……'

고타는 푸른 선을 풀어보려 했다. 그러나 선은 이미 고타와 합체가 되어 있었다. 선과 일체인 건 황소 또한 마찬가지였다. 황소, 선, 고타는 이제 한 덩이였다. 이를 증명이라도 하듯 셋 모두 푸르게 빛나고 있었다. 그 빛 속에서 황소와 선과 고타는 구별되지 않았다.

'원래부터 하나였다.'

고타의 몸에서 이런 생각이 울렸다. 누구의 생각인지 몰랐다. 황소의 생각일 수도, 선의 음성일 수도 있었다. 누구의 것인지 따지는 건 무의미하게 느껴졌다.

'원래부터 하나였다면.'

고타는 다시 생각했다. 셋이 정말 하나이고, 원래부터 그랬다면 셋은 줄곧 같은 생각을 했을 것이다. 고타는 조금 전의 상황을 떠올렸다. 날뛰는 황소에게 올라탔던 때. 그때 고타는 황소와 싸우려 했고, 그랬기에 황소도 고타와 싸우려 했던 것이다. 또, 고타가 황소와 묶이려 했기에 선이 둘을 묶어놨다.

'그럼 지금은?'

선을 풀려고 해도 안 되는 이유가 뭔지 궁금했다.

'그건 내가 원하는 게 아니다.'

몸에서 다시 답변처럼 생각이 울렸다.

"내가? 내가 누군데?"

고타가 허공을 향해 큰 소리로 물었다.

"나는 너다."

역시 큰 소리가 들려왔다. 선의 목소리는 아니었다. 중성적인 선의 음성이 아니라 우렁찬 남자 목소리였다.

"황소?"

고타는 위를 올려다보았다. 황소의 머리는 고타 눈에 들어오지도 않았다. 지금의 황소는 고타에게 한없이 거대한 기둥일 뿐이었다. 그리고 그 기둥은 황소의 전신이 아닌 다리 한쪽에 불과했다. 그런 기둥이 네 개나 있었고, 고타는 그중 하나에 묶인 보잘것없는 꼬마에 불과했다.

고타는 실소가 나왔다. 자신이 거인이었을 때가 떠올랐다. 아이라이크에서 레벨이 낮은 소인들 눈에 자신이 저 황소처럼 보였을 것이다. 아니, 잘 보이지도 않았을 것이다. 거인의 눈에 소인이 보이지 않듯, 소인의 눈에도 거인이 잘 보이지 않는다. 둘은 완전히 다른 세계에 있다. 똑같은 아이라이크 속에 있어도 같은 세계에 사는 것이 아니다. 그리고 그것은 현실에서도 마찬가지다. 모든 인간은 자신의 현실을 산다.

이런 생각이 들자 고타는 자신이 거인 황소의 전신을 보았다는 것이 큰 자산처럼 느껴졌다. 지금은 이렇게 작아 보이지만 자기는 본래부터 소인이 아닌 것이다.

　'저 거대한 소와 맞대결을 했던 존재가 바로 나다.'

　그랬다. 고타는 황소만큼 거대하고 강한 존재였다. 거인의 몸을 잠시 잃어버렸을 뿐이었다. 아니, 몸의 크기와도 상관없었다. 몸이 크든 작든 나는 거인이다, 고타는 생각했다. 그 생각은 이렇게 표현되었다.

　"나는 너다."

　고타가 고개를 쳐들고 말했다. 우렁찬 음성이 세계를 울렸다. 바로 그 순간, 큰 폭발음이 들렸다. 거대한 진동과 함께였다. 동시에, 푸른빛의 세계가 무너져 내렸다. 황소의 몸체가 폭발한 듯했다.

　고타는 쏟아지는 빛의 파편 속에서 정신을 잃었다.

목우牧牛

13. 다시, 아이라이크

"으하하하……."

땅이 진동했다. 바닥에 쓰러져 있던 고타가 눈을 떴다. 천지를 울리는 소리가 들렸다. 하늘을 보니 거대한 것이 웃고 있었다. 그 웃음이 돌풍을 일으켰다. 나뭇잎이 휘날리고 황금빛 대지가 춤을 췄다.

'저건, 아니 여기는……?'

집보다 익숙한 곳, 바로 아이라이크였다. 고타가 알던 원래의 그 세계.

"돌아왔다!"

고타는 환호하며 벌떡 일어났다. 그런데 그 순간 기쁨이 차갑게 식었다. 눈앞에 있는 거인 때문이었다.

웃고 있는 거대한 아이.

'저건……?'

고타는 입을 벌린 채 얼어붙었다.

"I Like 아이라이크, I Like……."

거인이 노래를 부르기 시작했다. 아이라이크 테마송, 고타가 날마다 부르던 노래, 그 목소리와 웃음소리…….

고타는 전율했다. 보고도 믿기 힘든 광경이었다. 고타는 96레벨의 자기를 보고 있었다. 과거의 자신이 눈앞에 있었다. 그때 했던 것과 똑같은 행동을 하면서. 고타는 현기증이 일었다. 꿈속에서 꿈을 꾸고 있는 듯했다.

'이게 대체 어떻게 된 거지?'

고타는 자기 몸을 둘러봤다. 푸른빛을 띤 보통 크기였다. 푸른빛을 보자 선과 황소가 떠올랐다. 고타는 발목을 살폈다. 선의 흔적은 간데없었다. 그렇게 단단히 묶여 있던 선과 황소는 폭발과 함께 사라졌다.

고타는 폭발의 순간을 분명히 기억했다. 그러나 그 다음은 생각나지 않았다. 눈을 떠 보니 모든 것이 처음으로 돌아와 있었다. 그러나 이전의 처음과 같은 처음이 아니었다.

'내가 둘이라니.'

고타는 당혹스러웠다. 푸른 자신과 거인 자신 중 어느 것이 진짜인지도 알 수 없었다. 자신은 지금 푸른 몸속에서 생각하고 있었지만 거인 또한 고타 자신이 맞았다. 그는 자신이 했던 그대로 행동하고 있었다. 모든 것이 이상했다. 고타가 알고 있던 아이라이크 세계는 이렇게 기이하고 복잡한 것이 아니었다. 이런 내용은 매뉴얼 어디에도 없었다.

"고타!"

자신을 부르는 소리에 고타는 몸을 돌렸다. 목소리의 주인은 보이지 않았다. 순간 고타는 깨달았다. 그것은 자신을 부르는 소리가 아니었다. 목소리의 주인이 누구인지도 알아챘다.

'용수!'

그다음 펼쳐질 이야기까지 눈에 선했다. 소인 용수가 거인 고타를 부르고, 둘이 손바닥 위에서 대화를 나누고, 황소의 문을 만들어 그걸 열고 나간 뒤……

순간 고타는 다급해졌다. 용수를 막아야 한다는 생각이 솟구쳤다. 지금이 아니면 돌이킬 수 없는 상황에 휘말리게 될지도 몰랐다.

"용수!"

고타는 빠르게 용수를 찾았다. 자기 몸도 거인보다는 소인에 더 가까웠기에 금방 찾을 수 있었다. 레벨 1의 용수가 푸른 고타를 바라봤다. 거인의 몸으로 만났을 때와 달리 용수의 작은 몸이 꽤 다부져 보였다.

"헉."

고타를 본 용수는 놀라며 뒤로 물러났다. 고타는 용수가 왜 그러는지 알 수 없었다.

"용수야, 나야."

고타가 웃으며 용수를 향해 다가갔다. 그런데 용수의 눈빛이 변했다. 살기등등한 눈으로 고타를 노려보고 있었다. 고타는 움찔해 걸음을 멈췄다. 용수 손에는 창이 쥐어져 있었다.

"야, 왜……?"

고타는 말을 잇지 못했다. 용수가 창을 세우고 달려들었기 때문이다.

"이 마물!"

용수가 외쳤다.

14. 블루 몬스터

"왜 이래!"

고타는 소리치며 도망쳤다. 무슨 이유인지는 몰랐지만 일단 피하고 봐야 했다. 용수의 무기는 소인용이라 크지는 않았지만 고타의 몸 또한 그리 크지 않았다. 용수가 가진 창은 독 묻은 도끼날이 장착된 것이었다. 긴급 상황에서만 사용할 수 있는 아이템이 주어진 게 이상했지만 그걸 따질 때가 아니었다. 독묻은 창에 찔리면 즉사할 것이다.

"잡아라!"

용수가 외치며 고타를 따라왔다. 레벨 1이라고는 믿기지 않을 만큼 용수는 빨랐다. 그리고 용감하고 사나웠다. 고타가 알던 무력한 소인이 아니었다. 그랬다. 과거의 용수는 좋아하는 퀘스트가 없었다. 그런데 지금 용수는 퀘스트를 수행하고 있었다. 몬스터 헌팅은 아이라이크의 기본 퀘스트 중 하나였다.

'그럼 내가 몬스터?'

고타는 머리가 띵했다. 뭔가 한참 잘못됐다. 사실을 용수에게 알려야 한다. 이 생각이 고타의 걸음을 멈췄다. 그러자 용수도 속도를 늦췄다. 하지만 멈추진 않았다. 창을 세운 채 천천히 고타에게 다가왔다.

"넌 이제 끝났다."

용수의 작은 눈이 창날처럼 빛났다.

"용수야, 너 왜 그래? 내가 몬스터로 보이는 거야?"

용수는 대답 대신 어이없다는 듯 입꼬리를 올렸다. 고타가 다시 말했다.

"정신 차려. 나 고타야."

"뭐?"

"네 친구 고타라고."

그 말에 용수는 크게 웃었다.

"아직도 그런 수법이 먹힐 것 같냐?"

"수법이라니, 용수야. 나 모르겠어?"

고타는 용수가 자신을 왜 못 알아볼까, 생각했다. 혹시 푸른 몸 때문인가? 그런지도 몰랐다.

"내 몸이 파래도 그렇지 친구 얼굴을 못 알아보는 거야? 내 목소리도?"

고타의 간절한 눈빛에도 용수의 표정은 변하지 않았다.

"블루몬, 죽기 전에 용서를 빌어라."

용수가 창날을 세운 채 말했다.

'블루몬?'

고타 몸에 소름이 돋았다. 블루몬이라니. 고타는 그 몬스터를 잘 알고 있었다. 그것은 아이라이크에서 착각과 환영을 일으키는 마물이었다. 블루몬은 평소엔 정체를 드러내지 않는다. 그런데 블루몬 바이러스에 감염된 아바타가 블루몬을 직접 만나면 저주가 풀리고 진실이 드러난다. 무지와 착각에서 벗어나 진실을 깨닫게 되는 것이다. 그렇기에 블루몬 바이러스 감염자는 블루몬을 만나야 했다.

"내가 너 때문에!"

용수가 소리쳤다. 불같은 기세에 고타는 움찔했다. 용수에게 이토록 강력한 에너지가 숨어 있는 줄은 고타도 몰랐다. 용수가 눈을 부릅뜨고 다시 말했다.

"크게 착각을 했었지. 좋아하는 퀘스트가 없는 줄로."

"뭐?"

고타는 어안이 벙벙했다.

"난 모든 게 재미없다고 생각했었어. 그 어떤 퀘스트에도 흥미를 못 느꼈지. 근데 그건 내 생각이 아니었어."

"그럼 그게 내 탓이란 말이야?"

고타가 얼떨결에 대꾸했다.

"나도 이제야 알았지. 블루몬, 너와 마주친 순간."

"난 블루몬이 아냐. 넌 아직 착각에 빠져 있는 거라고!"

고타가 소리쳤지만 용수는 꿈쩍도 하지 않았다.

"이제 난 너한테 속지 않는다!"

말을 마친 용수가 창을 날렸다. 빗나가기 어려운 거리였다.

"으악!"

블루몬 고타의 비명과 함께 아이라이크에 푸른 비가 쏟아졌다.

15. 거울 속의 나

고타는 수천수만의 물방울이 되었다. 푸른 비가 되어 내리고 있었다. 아이라이크 세계가 푸르게 젖어 들었다.

"와!"

신기한 일이었다. 고타는 크나큰 자유를 느꼈다. 자신이 우주가 된 것 같았다. 실제로 그랬다. 이 세계에 자기 몸이 닿지 않는 것이 없었다. 비가 된 고타는 산과 땅과 나무 등 모든 것에 내려앉았다. 모든 아이에 스며들었다. 고타는 모든 존재와 하나가 되었다. 거인인 자기 자신과도.

"와아!"

레벨 96의 고타가 환히 웃었다. 푸른 비가 거인의 몸에 스며들자 탄성이 터져 나왔다. 온몸의 세포가 하나하나 깨어나는 느낌이었다. 거인 고타는 더 이상 몸을 키울 필요가 없다는 걸 깨달았다. 자신은 이미 완전히 자라났고 완전히 이루었다. 지금 쏟아지는 비와 함께 우주가 되었다. 거인 고타는 그렇게 생각했다.

"하늘 위, 하늘 아래 나 홀로 높다."

고타 입에서 이런 말이 흘러나왔다. 아주 오랫동안 몸에 품고 있던 말이 비로소 세상에 태어난 것 같았다. 그 말을 꺼내고 나니 고타의 아이가 더 커진 듯했다. 말 그대로 자신은 하늘 위에서도, 하늘 아래서도 가장 강력한 존재였다. 누구와 겨루거나 비교하지 않아도, 누가 말해주지 않아도 고타는 그것을 알 수 있었다.

비가 그쳤다. 눈부신 태양이 제 모습을 드러냈다. 푸른 비를 머금은 황금빛 대지에 햇살이 쏟아져 내렸다. 온 누리가 찬란하게 빛났다. 이토록 아름답고 생생하게 살아 있는 세계에 가상이란 말은 어울리지 않았다. 이곳은 현실 이상의 현실이었다. 고타는 그렇게 생각했다.

이어서 용수가 떠올랐다. 용맹한 전사가 되어 블루몬을 잡은 아이.

'용수 아바타를 만들길 잘했지.'

고타가 미소를 지었다. 고타는 학교 친구인 용수의 얼굴과 이름을 따서 친구 아바타를 만들었다. 레벨 90 이상이 되면 조력자나 동반자를 만들 수 있다. 그렇게 생성된 아이는 주인에게 필요한 순간에 제 역할을 하게 되어 있었다.

오늘 용수는 그 역할을 잘 해냈다. 그래서 푸른 비가 내렸고, 고타는 자신의 그림자로 설정돼 있던 블루몬과 합체되었다. '거울 속의 나'라고도 불리는 그림자 아이가 그 주인과 합쳐지면 만렙에 이른 것과 다름없었다.

"고타!"

용수의 목소리가 들렸다.

"어, 레벨업 됐네."

"그래, 나 블루몬 퇴치했어."

레벨 2의 용수는 표정이 밝았다. 레벨 1이었을 때와 완전히 딴판이었다. 몸집도 커져서 이제 손바닥 위에 올려놓을 수도 없었다. 거인이 되려면 아직 멀었지만 그래도 이제 무시할 수 있는 크기는 아니었다. 용수는 레벨 2부터 사용 가능한 공중부양 기능을 써서 고타와 눈높이를 맞췄다.

"잘했어. 나도 못한 걸 네가 해내다니."

고타는 용수가 정말 기특했다. 자기가 만들었지만 기대 이상으로 똘똘한 아바타였다. 본인이 고타에 의해 생성된 존재임을 모른다는 점을 빼고 말이다. 그 사실을 알게 되면 조력자의 에너지가 떨어지기에 일부러 알려줄 필요는 없었다. 누구나 자신의 주인이 자기라고 믿어야 힘이 나는 법이었다.

"너도 블루몬과 싸운 적 있어?"

용수가 허공에 뜬 채 물었다.

"아니, 난 블루몬과 싸울 수 없어."

"왜?"

"나는 나와 직접 맞설 수 없어."

고타가 이상한 말을 했다. 용수의 아이가 잠시 깜

빡거렸다.

"그게 무슨 소리야?"

"네가 싸웠던 몬스터, 그건 나야. 거울 속의 나."

고타가 거울을 보듯 용수를 바라보며 말했다.

16. 삭제된 아이

"거울 속의 나라니?"

용수가 고타에게 물었다. 들어본 적 없는 말이었지만 갑자기 기분이 다운되는 듯했다. 그러나 용수는 내색하지 않고 고타의 대답을 기다렸다.

"모든 아이에겐 자기만의 적이 있어. 아이의 그림자, 또 다른 자아……."

고타는 설명을 하면서도 용수에게 모든 걸 알려줄 필요는 없다고 생각했다. 용수 또한 고타의 분신이기 때문이었다. 블루몬처럼 언젠가 자신과 합체될 존재. 가상 속의 가상인 이들 존재는 제 역할이 끝나면 그 주인의 몸속으로 사라지게 되어 있었다.

"자기만의 적? 그럼 나의 그림자도 있어?"

용수가 다시 물었다. 용수는 고타의 말이 어려우면서도 흥미롭게 들렸다.

"아니, 없어."

"그건 왜지?"

용수의 연이은 물음에 고타는 난감해졌다. 자신의 분신에게는 거짓말을 할 수 없었다. 대꾸하지 않을 수는 있지만 속일 수는 없었다. 용수의 정체를 숨기기 위해서는 입을 다무는 수밖에 없다. 그런데 용수는 계속 고타의 입을 열게 만들었다.

"너는……."

고타는 잠시 말을 골랐다. 거짓말이 아니면서도 진실을 드러내지 않는 얘기를 만들기가 쉽지 않았다. 용수는 끝까지 자기가 진짜 아이인 줄 알아야 했다. 그래야 진짜 아이인 고타와 평화롭게 합체될 수 있었다.

"나는 뭐?"

용수가 고타를 빤히 보았다.

"없어, 그냥."

"왜 그냥 없어?"

용수의 끈질긴 질문에 고타는 부아가 돋았다.

"원래 없으니까."

"그러니까 왜 원래 없냐고?"

용수와 고타의 얼굴이 동시에 달아올랐다.

"그렇게 태어났으니까!"

고타가 언성을 높였다.

"왜 그렇게 태어났는데?"

용수의 목소리도 커졌다.

"제발 그만!"

고타가 고함을 질렀다.

"뭘 그만해? 대답을 하라고!"

용수는 포기하지 않았다. 고타는 용수의 성격이 자신과 같다는 데 절망했다. 용수가 싸늘한 표정으로 다시 물었다.

"나는 왜 그렇게 태어났지?"

"내가 그렇게 만들었으니까!"

고타가 참지 못하고 소리쳤다.

"뭐?"

공중에 떠 있던 용수의 몸이 출렁거렸다.

"넌 진짜 아이가 아니야. 내가 만든 가짜지!"

잠겨 있던 진실이 터져 나왔다. 동시에 용수의 몸이 거무죽죽해졌다. 그리고 그 순간, 허공에 떠 있던 용수가 추락하기 시작했다.

"용수야!"

고타가 놀라며 용수에게 손을 뻗었다. 그러나 추락하는 속도를 따라잡을 수는 없었다. 쿵 소리와 함께 레벨 2의 아이가 땅에 떨어졌다.

〈에너지 제로.〉

용수의 상태를 알리는 스탯창이 떴다.

"안 돼!"

고타가 소리치며 용수의 아이를 흔들었다. 그러나 용수는 이미 눈을 감은 채였다. 에너지가 소진된 아이는 깨어나지 않았다.

고타의 눈시울이 뜨거워졌다. 가짜 아이일 뿐인데 진짜 아이, 아니 진짜 친구가 사라진 것처럼 가슴이 아팠다. 자신이 용수에게 몹쓸 짓을 한 것 같았다.

"조력자 아이가 삭제되었습니다. 초기 상태로 돌아

갑니다."

시스템에서 음성 메시지가 흘러나왔다.

'초기 상태라니?'

고타의 아이가 심하게 떨려왔다.

17. 조력자 생성

"조력자 아이를 생성하시겠습니까?"

고타는 아이라이크의 홈에 돌아와 있었다. 'Home' 이라 적힌 붉은 간판 외에는 아무것도 없었다. 사방 이 텅 비어 있는 무색 공간이었다. 고타는 레벨 90이 되었을 때 이곳에서 조력자 아바타를 만들었던 기억 이 있었다.

'그럼 지금 나는 레벨 90인가?'

고타는 자신의 레벨을 살폈다. 그런데 어디에도 레 벨 표시가 없었다. 고타는 자기 몸을 살폈다. 그런데 몸의 크기가 어느 정도인지 알 수 없었다. 주변에 아 무것도 없었기 때문이다. 몸의 크기를 비교할 다른 아이도, 산이나 나무도 없었다. 스스로 느끼기에 몸이 작은 것 같지는 않았다. 그러나 푸른 비를 맞았을 때와 같은 충만감이 느껴지지 않았다.

"조력자 아이를 생성하시겠습니까?"

다시 메시지가 들려왔다. 고타는 조력자 용수의 마지막 모습에 큰 충격을 받았다. 가상현실 속 아바타일지라도 용수는 고타의 친구였다. 게임 세계 바깥에 실제로 존재하는 사람이었다. 그런 용수가 추락해 삭제되고 나니 마음이 무거웠다. 고타는 마음을 굳혔다.

"아니오."

어디를 향해 말해야 할지 몰라 'Home'을 보고 대답했다. 하지만 그 붉은 글자에서 소리가 나오는 것 같지는 않았다. 소리는 모든 곳에서 울리고 있었다.

"조력자 아이의 생성을 취소하시겠습니까?"

확인 메시지가 다시 들렸다. 그 순간 고타의 머릿속이 번쩍했다.

'블루몬!'

그 몬스터는 어떻게 되었을까. 블루몬은 완전히 사라진 것인가. 용수가 블루몬을 퇴치했으니 더 이상 나타나지 않는 것인가. 그럴 수도 있었다. 그런데 용수가 삭제됐고 다시 홈으로 돌아왔기에 블루몬도 부활할 수 있었다. 이에 관한 정보는 어디에도 나와 있지 않았다. 게임의 재미를 위한 것 같았지만 고타는 식은땀이 났다.

블루몬을 자신의 그림자 아이로 설정한 일도 후회스러웠다. 이 최강 몬스터를 불러낸 이유는 단순히 승부욕 때문이었다. 블루몬은 마물들 중 가장 악질이었다. 다른 몬스터들은 그저 물리적 힘을 가진 존재였지만 블루몬은 달랐다.

그것은 마음에 작용하는 마의 에너지였다. 정신적 혼란과 착각을 일으키는 유일한 괴물이었다. 그래서 블루몬을 헌팅하면 최강자가 된다. 기존의 레벨과 관계없이 만렙과 대등한 존재가 된다. 고타는 이것을 노렸다. 그리고 조력자 용수의 활약으로 블루몬을 퇴치하고 만렙의 기분에 흠뻑 젖어 들었다. 그런데 용수가 삭제되면서 모든 것이 틀어진 것이다.

'용수를 다시 한번?'

고타는 마음이 흔들렸다. 그림자 아이를 스스로 없

애는 방법은 없었다. 거울 속의 나를 만나는 데는 거울의 역할을 해주는 조력자가 필요했다. 그리고 블루몬이 사라졌든 아니든 일단 조력자가 있는 편이 나았다. 용수에겐 미안한 일이지만 승부의 세계는 냉정한 것이었다. 고타는 마음을 다잡았다.

"5초 뒤에 조력자 아이 생성이 취소됩니다."

"잠깐!"

고타가 'Home'을 향해 소리쳤다. 가슴이 쿵쿵거렸다. 고타는 자신이 진짜 원하는 것을 말했다.

"조력자 아이 생성."

고타의 입에서 명령어가 흘러나왔다. 'Home'이 알았다는 듯 깜빡거리며 다시 음성을 내보냈다.

"조력자 아이를 생성하시겠습니까?"

"네."

18. 마녀를 만나다

"조력자 아이 생성 모드입니다."

'Home' 아래 선택 가능한 조력자의 모습이 나타났다.

"엇!"

고타는 당황했다. 용수 아바타에 불이 꺼져 있었다. '사용 불가'라는 글자와 함께였다. 조력자 생성 매뉴얼을 살펴봤다. 삭제된 조력자는 다시 사용할 수 없다고 했다. 고타는 이 부분을 몰랐던 것이다.

'이럴 줄 알았으면 용수에게 심한 말을 안 했을 텐데.'

용수가 그렇게 마음 약한 아바타인 줄은 몰랐다.

너무 쉽게 생성을 해서 그런 건지도 몰랐다. 어쨌든 이제 와서 후회해도 소용없었다. 다른 방법을 찾는 수밖에 없었다. 다행히 용수 옆에 있는 아바타엔 불이 들어와 있었다.

'이건?'

익숙한 얼굴, 제나였다. 그 외에 다른 선택지는 없었다. 애초에 고타는 조력자 후보를 만드는 데 에너지를 쓰지 않았기 때문이다. 그래서 최소한의 조력자 아바타만 선택지로 만들어진 것이다. 아이라이크는 고타의 의식이 반영되는 세계였기에 고타의 마음속에 있는 친구들이 나타나 있었다. 고타의 유일한 친구 용수, 그리고 고타가 관심을 두고 있는 제나.

'제나도 괜찮을 거야.'

어쩌면 더 좋을 것 같기도 했다. 고타는 은근히 설레는 마음이 들었다. 용수만큼 친하지는 않지만 용수와의 관계와는 다른 묘미가 있을 것 같았다.

"5초 뒤에 조력자 아이가 나타납니다."

메시지와 함께 고타는 'Home'에서 벗어났다. 그런데 고타가 도착한 곳에 또 'Home' 표시가 있었다. 이번에는 푸른 글자였다. 텅 빈 공간인 건 똑같았다. 고타는 아이라이크의 미로에 갇힌 것 같았다. 자신이 잘 안다고 생각했던 이 세계가 너무 낯설었다.

"하하하……."

날카로운 웃음소리가 들렸다. 여자 목소리였다. 처음 듣는 소리였지만 어딘가 섬뜩한 데가 있었다.

"너는!"

고타 앞에 나타난 건 '마녀'였다. 마녀는 아이라이크의 끝판왕으로 알려져 있었다. 고타는 뭔가 이상하다고 생각했다. 끝판왕은 말 그대로 끝판에 등장하는 존재다. 여기가 끝판이라면 블루몬은 사라진 것이다. 블루몬 대신 나타난 마녀가 그것을 말해주고 있었다.

'지금이 정말 끝판인가?'

고타는 머리가 어지러웠다. 자신의 레벨도 알 수가 없었다. 이 장소도 이상했다. 조력자를 생성하면 홈에서 벗어나게 되어 있었다. 그런데 거기서 벗어나 도착한 곳이 다시 홈이라니. 뭔가 게임의 질서가 무너진 것 같았다.

"하하하…… 어리석은 것!"

마녀가 웃으며 고타에게 다가왔다.

"뭐가 어리석다는 거지?"

"나를 불러내다니."

"불러내?"

순간 고타는 알아차렸다. 마녀가 누구인지를. 마녀가 고타를 보며 입꼬리를 올렸다.

"제, 제나……?"

"이제 알겠어?"

"근데 왜 마녀……?"

고타는 뭐가 뭔지 알 수가 없었다. 마녀는 또 크게 웃으며 고타에게 다가왔다. 고타는 마녀가 독침을 가지고 있다는 걸 알고 있었다. 독침와 독화살은 마녀의 주요 무기였다. 고타는 자신을 방어할 수 있는 슈퍼 망토를 입었다.

"네가 대체 어떻게……?"

"네가 불렀잖아. 레벨 100의 나를."

마녀의 얼굴이 잠시 제나 모습으로 바뀌었다. 그러다 금방 다시 원래대로 돌아갔다.

"난 조력자를 불렀는데, 왜 적이 나타나?"

고타가 망토로 몸을 감쌌다.

"내가 네 조력자야. 너는 내 조력자고."

마녀의 말과 함께 독침이 날아왔다.

19. 사랑의 화살

고타는 슈퍼 망토로 독침을 막았다. 다행히 방어하긴 했지만 독침이 워낙 강해 망토가 찢어졌다.

"왜 나를 공격하는 거야?"

고타가 고함치듯 물었다.

"그게 내 역할이니까!"

마녀가 소리치자 그녀의 검은 드레스에서 불꽃이 피어올랐다. 드레스가 마치 살아 있는 듯했다. 강력하고 무시무시한 기운이 마녀를 휘감고 있었다. 고타는 한걸음 뒤로 물러섰다. 그리고 다시 외쳤다.

"너의 역할은 나를 돕는 거야. 넌 조력자라고!"

"이게 널 돕는 거다. 그리고 너도 조력자다!"

마녀가 외치며 다시 독침을 날렸다. 고타는 이번에도 독침을 막았지만 반복되는 공격에 망토는 곧 너덜너덜해졌다. 이제 또다시 독침이 날아온다면 그대로 맞는 수밖에 없었다.

고타는 해진 망토처럼 기진맥진해졌다. 마녀도 계속되는 공격에 진이 빠진 듯했다. 검은 드레스의 레이스도 너덜너덜해졌다.

"대체 왜 이러는 거지?"

고타는 마음을 내려놓았다. 독침을 맞는 게 자신의 운명이라면 그 이유라도 알자는 생각이 들었다. 그런데 마녀는 말이 없었다. 고타를 노려보며 독기를 충전하는 듯했다.

"네가 원하는 것을 줄게. 그게 뭔지 말해 봐."

고타가 다시 말했다.

"나는 이 세계에서 더 이상 이룰 게 없어."

마녀가 검은 드레스의 검불을 털어내며 말했다.

"그렇겠지. 레벨 100이니……."

순간 고타는 이전 세계에서 만났던 제나가 생각났다. 같은 조력자지만 용수와 제나는 완전히 달랐다.

레벨 1의 용수는 고타의 임무를 대신 수행하며 고타를 편하게 해주었다. 그렇지만 고타의 한마디 말에 추락해 삭제되고 말았다. 그러나 레벨 100의 제나는 달랐다. 조력자로 나타났지만 고타가 원하는 대로 움직이지 않았다. 오히려 고타를 방해하는 듯했다.

'나도 상대방의 조력자이기 때문인가?'

그런 것 같았다. 제나의 레벨이 자신보다 높기 때문일 수도 있었다. 모든 것이 이전과는 달랐다. 아무것도 생각대로 되지 않았다. 마치 현실 세계에서 벌어지는 일들처럼.

고타는 자신이 아이라이크에서 새로운 단계에 이르렀음을 깨달았다. 제나 또한 그런 것이다. 이전에 만났을 때도 그랬다. 그때 제나는 만렙을 찍은 뒤 새로운 세계로 이동했다고 말했다. 거기서 그들은 함께 푸른 황소를 따라갔었다. 지금은 그 모든 게 꿈처럼 느껴지지만 그 '꿈'에 힌트가 있는 것 같았다.

"혹시, 우리가 함께……."

방어 태세로 굳어 있던 고타의 마음이 열리자 목소리 톤이 바뀌었다. 그러자 마녀의 얼굴이 제나로 바꿰었다. 얼굴은 곧 다시 마녀로 돌아갔지만 고타는 자신이 무엇을 해야 하는지 깨달았다.

"제나!"

고타가 마녀 속에 감춰진 본모습을 향해 외쳤다. 그리고 슈퍼 망토를 벗었다. 그건 애초에 필요가 없는 것이었다. 고타는 마녀의 화살을 맞아야 했다. 화살은 꽂히기 위해 있는 것이고 그 과녁은 바로 자신이었다.

"쏴, 네 마음을."

고타의 말에 마녀의 눈동자가 흔들렸다. 그러나 다시 눈을 빛내며 대꾸했다.

"원하는 대로."

그건 두 사람 모두 원하는 것이었다.

"받아라!"

마녀가 외치며 맨몸의 고타에게 화살을 날렸다. 전보다 더 강력한 에너지가 담긴 것이었다. 아니, 강력한 정도가 아니었다. 마녀의 온 에너지가 그 화살에 집중되어 날아갔다. 그런데 발사된 순간, 이상한 일이 일어났다. 뾰족하고 날카로웠던 화살이 둥그런 하트 모양으로 바뀌었다. 하트가 된 화살은 고타의 가슴에 명중했다. 그 느낌은 뜨겁고 차가우며 달콤하고 쓰라렸다. 고타는 비명을 질렀지만 아무 소리도 나오지 않았다. 그 순간, 고타를 바라보던 마녀의 검은 드레스가 껍질처럼 벗겨졌다.

20. 터져버린 세계

날아온 하트는 고타의 가슴에 스며들었다. 아프지는
않았다. 오히려 마음이 사르르 녹아드는 듯했다. 하지
만 좋아할 일도 아니었다. 마음이 녹는 느낌과 함께
고타의 몸이 줄어들기 시작한 것이다. 작아지는 건
제나도 마찬가지였다. 두 사람의 아이가 비슷한 속도
로 축소되고 있었다.

"대체 왜 이러지?"

고타가 말하며 제나를 바라봤다. 마녀의 가면은 검
은 드레스와 함께 사라지고 없었다. 독기 어린 눈빛
도 찾을 수 없었다. 제나는 원래부터 그 모습이었던
듯 마녀에 대해 아무 말도 하지 않았다. 고타도 그 애기를 꺼내지 않았다. 원래 모습으로 돌아왔으니 다행이었다. 그러나 본모습을 되찾는 일이 게임의 끝이 아닌 듯했다. 오히려 진짜 게임은 이제부터 시작인 것 같았다.

두 사람은 서로의 아이를 바라보며 입을 다물었다. 몸이 줄어들고 있는데도 이 공간에서 그들이 할 수 있는 건 아무것도 없었다. 무엇을 어떻게 해야 할지 감도 잡을 수 없었다.

"언제까지 작아지는 걸까?"

제나가 불안한 눈으로 고타를 바라봤다. 그 얼굴이 자신과 비슷하게 보였다. 고타도 같은 생각이었다. 상대의 모습이 거울 속의 자신처럼 보였다. 같은 옷을 입고 있어서 그런지도 몰랐다. 망토와 드레스가 벗겨진 둘의 차림새는 똑같았다. 민무늬 바디슈트인 아이라이크의 기본 의상이었다. 그 옷을 입은 채로 둘은 한없이 줄어들고 있었다.

"아냐!"

제나가 갑자기 소리쳤다.

"뭐가?"

"작아지는 게 아니라고!"

"그럼?"

제나의 말에 고타는 주위를 둘러봤다.

"홈!"

"그래, 저 표시!"

둘은 'Home'이란 글자에 시선을 집중했다. 머리 위의 그 글자가 점점 커지고 있었다.

"우리가 작아지는 게 아니라……."

"공간이 커지고 있는 건가?"

고타와 제나가 이어서 말했다. 둘의 몸에 소름이 돋았다.

"그래, 맞아. 우린 그대로야."

텅 빈 공간이 풍선처럼 커지고 있었다. 그러나 공간이 확장되는 느낌 대신 몸이 줄어드는 듯 보였다.

"세계가 왜 이런 거지?"

"우리가 뭘 잘못했나?"

그 순간에도 공간은 계속해서 커지고 있었다. 그들은 무색 공간 속에서 한없이 작아지고 있었다. 실제로 작아지는 게 아니더라도 그들은 그렇게 느꼈다.

그 느낌이 그들을 견딜 수 없게 만들었다. 고타와 제나는 머리가 빙빙 돌고 구토가 나올 것 같았다.

"정신 차려야 해."

고타가 제나의 손을 잡았다. 손에 의해 두 아이가 연결되자 조금씩 힘이 나는 듯했다. 고타는 손에 더욱 힘을 주었다. 그렇게 간신히 견디고 있었지만 언제까지 버틸 수 있을지는 몰랐다.

"우린 이제 끝⋯⋯."

제나가 숨을 몰아쉬었다. 고타는 차라리 모든 게 끝나버렸으면 싶었다. 이게 가상이든 현실이든 여기서 벗어나고 싶을 뿐이었다.

어느 순간, 고타는 자신이 점보다 작아졌다고 느꼈다. 제나도 마찬가지였다. 그들은 점보다 작고 우주보다 거대한 감옥 안에 갇힌 것 같았다.

"제발 멈춰!"

제나가 소리쳤다. 바로 그때였다. 커질 대로 커진 공간이 펑 터져버렸다.

"으악!"

둘은 동시에 소리치며 쓰러졌다.

21. 진짜와 가짜

"아이에 접속하세요, 아이에 접속하세요……."

날카로운 음성에 고타와 제나는 눈을 떴다.

"넌……?"

둘은 서로를 보며 눈이 동그래졌다. 그들은 더 이상 아이가 아니었다. 아바타 몸이 아닌 현실의 모습을 하고 있었다. 그런데 언젠가 그랬던 것처럼 그 모습이 희미했다.

"여기가 현실은 아니잖아."

"그래, 분명히."

그곳은 아이라이크의 평원이었다. 익숙한 황금 들판이 펼쳐져 있었다. 고타는 아이 없이 이곳에 있어

본 적이 없었다.

"아이가 날아갔나 봐."

"아까 공간이 터지면서."

고타와 제나가 이어 말했다.

"아이에 접속하세요, 아이에……."

둘을 재촉하는 듯 또다시 메시지가 들려왔다.

"얼른 아이를 입자."

고타가 말했다.

"아니, 잠깐."

제나가 고타를 멈춰 세웠다.

"왜?"

"다시 아이를 입을 거야?"

"그럼……?"

고타가 제나를 바라봤다. 제나는 뭔가 결심이 선 얼굴이었다.

"그 모든 것을 다시 반복할 거야?"

제나가 다시 물었다.

"반복한다니? 뭘?"

"우린 지금 가상과 현실의 중간에 있어."

"가상과 현실의 중간?"

고타가 놀라 되물었다.

"그래서 몸은 현실의 모습인데 세계는 아이라이크 인 거야."

제나가 주위를 둘러보며 말했다. 그때였다. 노란빛 의 뭔가가 그들 쪽으로 날아오기 시작했다.

"저게 뭐지?"

"일단 피하자."

고타는 제나를 따라 거목의 구멍 속으로 들어갔다. 두 사람은 몸을 숨긴 뒤 밖을 살폈다. 날아오던 노란 것들은 보이지 않았다.

"중간계 정령이야."

제나가 말했다.

"아!"

고타는 깜짝 놀랐다. 중간계 정령에 대한 정보는 고타도 알고 있었다. 중간계 정령은 시스템 버그를 의미한다. 언젠가 읽었던 매뉴얼 내용이 떠올랐다.

"그럼 우린 버그에 걸린 것……?"

제나가 고개를 끄덕였다. 갑자기 고타는 자신이 겪

었던 모든 상황이 이해되는 듯했다. 아이라이크의 미궁에 빠진 건 사실이었다. 그래서 계속해서 이상한 일들을 경험한 것이었다. 그동안 겪었던 일들이 생생히 떠올랐다. 고타 몸에 전율이 흘렀다. 가상과 현실의 중간계라니.

"더 이상 아이에 접속하면 안 돼."

제나가 고타의 눈을 보며 말했다. 제나 얼굴에는 확신이 있었다. 그러나 고타는 혼란스러웠다. 이 모든 것이 버그의 산물이라면 눈앞의 제나 또한 믿을 수가 없었다. 고타의 생각을 읽기라도 한 듯 제나가 다시 말했다.

"네가 내 말을 믿든 안 믿든 그건 네 선택이야."

고타는 잠시 숨을 골랐다. 정신을 차려야 한다는 생각뿐이었다.

"너는 진짜 존재야?"

고타가 제나의 팔을 잡으며 물었다. 제나의 형체는 희미했지만 그건 자신 또한 마찬가지였다.

"너는 진짜 존재야?"

제나가 고타에게 똑같이 물었다. 고타는 말문이 막

했다. 나는 진짜 존재인가? 이곳은 진짜인가 가짜인가? 스스로 물음을 던졌지만 답을 내릴 수 없었다. 이곳이 가상과 현실의 중간계라면 그 속의 나 또한 가상과 현실의 중간 존재일 것이다. 고타는 혼란스런 눈빛으로 제나를 바라봤다.

"네가 진짜면 나도 진짜야."

제나가 말했다. 그 눈빛엔 흔들림이 없었다.

"내가 가짜면 너도 가짜고?"

22. 영원한 아이

고타의 물음에 제나는 대답하지 않았다. 말없이 고타
를 바라보고 있었다. 제나 말대로 모든 것은 자신에
게 달려 있었다. 고타는 가만히 생각했다. 진짜인가
가짜인가? 그게 중요한가? 중요할 수도 있지만 그보
다 더 시급한 문제가 있었다. 바로 '아이'였다. 그 가
상의 몸을 다시 입을 것인가.

　그 순간에도 아이에 접속하라는 메시지는 쉬지 않
고 들려왔다. 지금까지 아이라이크의 명령과 메시지
에 충실했던 고타는 그 음성을 무시하기 힘들었다.
이곳은 게임의 세계이고 그 시스템 안에서는 룰을 따
라야 한다는 것이 고타의 생각이었다.

"일단 아이에 접속해서 정령을 피해야 하지 않을까?"

고타가 제나에게 다시 물었다. 제나는 고개를 저었다.

"아이를 입으면 우린 게임 세계에 다시 들어가는 거야."

"그건 나도 알지만……."

"아는데 어떻게 그런 말을 해? 버그에 걸린 채 가상현실에서 영원히 살고 싶어? 끝없이 같은 퀘스트를 반복하면서?"

제나가 고타를 보며 쏘아붙였다.

"하지만 지금 이 상황도 현실은 아니잖아."

"그래도 지금은 가능성이 있어. 현실로 나갈 수 있는."

제나가 단호하게 말했다.

"현실로 나가려면……."

고타는 하려던 말을 멈췄다. 자신이 제나의 말에 무조건 반대하고 있다는 생각이 들었기 때문이었다. 사실 고타도 아이를 다시 입는 일이 그리 내키진 않았다. 제나 말대로 아이에 접속하면 게임이 다시 시작되는 건 분명했다. 버그 속 게임이기에 무슨 일을 당할지 몰랐다. 그런데 왜 자꾸 아이에 집착하게 되는 걸까.

"현실로 나가려면? 아이를 입어야 한다고?"

제나가 되물었다. 고타는 한동안 입을 다물고 있었다.

"아니, 다시 생각해 보니 그렇지 않은 것 같아. 아이를 입으면 네 말대로 그냥 이 상태에 머무는 거야."

고타가 침착하게 말했다. 제나가 고개를 끄덕였다. 잠시 말을 머금고 있던 고타가 다시 입을 뗐다.

"난, 두려워했던 것 같아."

"뭘?"

"아이 없이 사는 걸……."

그랬다. 고타는 현실 속의 왜소한 자신으로 돌아가는 것이 겁나고 싫었다. 그래서 아이 속에 숨고 싶어 했던 것이다. 자신은 아이라이크에 끝없이 머물고 싶었던 건 아닌가? 이 세계 안에서 영원한 아이로 살고 싶었던 게 아닌가?

고타는 자신의 생각에 놀랐다. 스스로 숨기고 있던 자신의 속내가 드러난 듯했다. 그리고 이어진 또 하나의 깨달음이 있었다. 그것이 고타를 얼어붙게 했다. 말하고 싶지 않은 사실이지만 제나에겐 그것을 알려 줘야 했다.

"제나."

"응?"

제나의 심장이 빠르게 뛰었다. 고타의 얼굴을 보니 무거운 얘기가 나올 것 같았다.

"나 때문이야."

"뭐가?"

"내 생각이 버그를 일으킨 거야."

고타가 창백한 얼굴로 말했다.

"그게 무슨 말이야?"

"아이라이크는 우리가 좋아하는 것, 생각하는 것이 나타나는 세계잖아."

"그런데?"

"그런데 나는 이 세계를 현실보다 좋아했고, 계속해서 거인 아이로 살고 싶었어. 가능하면 영원히."

말을 들은 제나도 표정이 하얗게 질렸다. 뭔가 깨
달은 얼굴이었다. 두 사람은 입을 다문 채 거울 보듯
상대방의 눈을 바라봤다. 고타는 제나가 무슨 생각을
하는지 알 수 있었다.

　"나도 그랬던 것 같아."

　제나가 말했다.

23. 사라진 형체

"우리는 같구나."

고타가 제나를 보며 말했다.

"거울 속의 나……."

"그런데 거울 속의 나는 직접 만날 수 없다고 했는데."

고타가 고개를 갸웃하며 중얼거렸다.

"거울을 깨고 나왔잖아."

"언제? 어떻게?"

"화살을 쐈을 때."

"그게 그거였어?"

고타는 까맣게 잊고 있었던 마녀가 떠올랐다. 마녀

의 얼굴과 검은 드레스가 벗겨졌을 때 그 일이 일어난 것이었다.

"그건 거울을 깨는 화살이었어. 그래서 나는 쏴야 했고."

"아, 그랬구나."

지금 돌아보니 매순간, 매 단계마다 모든 일들이 정확하게 일어난 것 같았다. 그 당시에는 이해되지 않거나 잘못된 듯 보이는 일도 지나고 보면 모두 완전한 퍼즐의 조각들이었다. 큰 그림 속에서는 모든 일이 완벽했다.

"우리는 모든 차원을 경험했어. 여기서 우리가 해야 할 일은 없어."

제나가 눈을 빛내며 말했다. 고타도 같은 생각이었다. 아이라이크의 퍼즐이 완성된 것 같았다.

"이제 현실로 나가야 해."

"아이 없이."

둘이 한입처럼 말했다.

"그런데 어떻게?"

"그건 나도 모르지만 방법을 찾아야지."

둘은 잠시 입을 다물었다. 상대방의 흐릿한 몸을 바라보면서. 그러자 몸이 조금 또렷해진 듯했다. 마음에도 힘이 실렸다. 고타와 제나는 아이 없이도 게임을 끝낼 수 있을 거라는 생각이 들었다. 둘이 함께하면.

그때였다. 그들이 몸을 숨긴 거목 밖에서 파드닥거리는 소리가 들렸다. 노란 정령들이었다. 고타는 급히 구멍을 막았다. 그러나 구멍을 막을 도구가 없었기에 몸이 그 도구가 되었다. 고타는 등으로 구멍을 봉쇄했지만 그건 오히려 정령들에게 몸을 노출시키는 꼴이 되었다.

노란 정령들이 진액을 뱉어내기 시작했다. 고타의 등을 타고 축축한 것이 흘러내렸다. 그건 아주 불쾌한 느낌이었다. 고타의 표정이 일그러졌지만 빛이 들지 않는 거목 내부는 캄캄했다. 제나는 아무것도 볼 수 없었지만 뭔가 심상찮은 일이 벌어지고 있음을 직감했다.

"무슨 일이야? 괜찮아?"

제나의 목소리가 떨렸다.

"정령들이 진액을 뺄고 있어."

"헉, 안 돼!"

제나는 깜짝 놀라 고타의 몸을 앞으로 당겼다. 그 바람에 나무의 구멍이 열리고 빛이 들어왔다. 빛만 들어온 것이 아니었다. 노란 정령들이 구멍 속으로 들이닥쳤다.

"으악!"

수백의 정령들이 동시에 진액을 뺄었다. 축축하고 기분 나쁜 액체가 고타와 제나의 몸에 쏟아져 내렸다. 아이 없는 몸에 닿은 진액은 독이나 다름없었다. 독이 닿자마자 그들의 형체가 녹아내리기 시작했다.

"으윽……."

고타와 제나는 신음하며 몸을 잃어 갔다.

'이렇게 끝인가.'

고타는 생각했다. 하지만 그것을 말할 입이 없었다. 그런데 제나는 고타의 생각을 들었다. 귀가 없었지만 들을 수 있었다.

'우리는 하나야.'

제나가 소리 없이 말했다. 그것이 고타의 귀 없는

귀에 들렸다. 두 사람은 함께 미소 지었다. 얼굴이 없었지만 웃을 수 있었다. 둘은 소리 없이 웃으면서 녹아내렸다. 그들은 자유를 느꼈다. 모든 것에서 해방된 기분이었다. 이게 게임의 끝이라면 나쁘지 않은 결말이었다.

얼마 뒤, 두 사람은 형체를 완전히 잃어버렸다. 그 어떤 아이도, 정령도, 시스템도 그들의 모습을 찾을 수 없었다.

24. 우주가 되다

"하하하하……."

땅을 울리는 웃음소리가 들렸다. 누구의 웃음인지 몰랐다. 누구에게 들리는지도 몰랐다. 그 웃음소리에 땅이 진동하며 갈라졌다. 갈라진 땅의 틈새로 새로운 땅이 솟아났다. 솟아난 땅에도 웃음소리가 들렸다. 그 새로운 웃음소리에 땅이 흔들리며 다시 갈라졌다. 갈라진 땅의 틈새로 또 새로운 땅이 생겨났다. 그 새로운 땅에도 웃음소리가 들렸다. 누구의 웃음인지 몰랐다. 누구에게 들리는지도 몰랐다.

"하하하하……."

바다를 가르는 웃음소리가 들렸다. 누구의 웃음인

지 몰랐다. 누구에게 들리는지도 몰랐다. 그 웃음소리에 바다가 하늘에 닿을 듯 출렁거렸다. 출렁거리는 바다에서 새로운 바다가 흘러나왔다. 흘러나온 바다에도 웃음소리가 들렸다. 그 새로운 웃음소리에 바다가 춤을 추었다. 춤추는 바다에서 또 새로운 바다가 흘러나왔다. 그 새로운 바다에도 웃음소리가 들렸다. 누구의 웃음인지 몰랐다. 누구에게 들리는지도 몰랐다.

"하하하하……."

하늘을 삼키는 웃음소리가 들렸다. 누구의 웃음인지 몰랐다. 누구에게 들리는지도 몰랐다. 그 웃음소리에 하늘이 번쩍이며 별들을 쏟아냈다. 쏟아져 나온 별들에도 웃음소리가 들렸다. 그 새로운 웃음소리에 별들이 더 반짝이며 빛났다. 빛나는 별들에서 또 새로운 별들이 쏟아져 나왔다. 그 새로운 별들에도 웃음소리가 들렸다. 누구의 웃음인지 몰랐다. 누구에게 들리는지도 몰랐다.

"하하하하……."

우주 한가득 웃음소리가 들렸다. 누구의 웃음인지

몰랐다. 누구에게 들리는지도 몰랐다. 그 웃음소리에 우주가 응답하며 더 크게 웃었다. 웃는 우주는 고타와 제나의 얼굴이었다. 고타와 제나의 얼굴 속에는 모든 얼굴이 있었다. 세상의 모든 사람들이 있고 땅이 있고 바다가 있고 하늘이 있었다. 땅은 새로운 땅을 낳고 바다는 새로운 바다를 하늘은 새로운 하늘을 낳았다. 낳으며 끝없이 웃었다.

"하하하하……."

우주는 웃음소리로 가득 찼다. 우주가 웃음소리 자체인 듯했다. 그러다 어느 순간, 한없이 울리던 웃음이 뚝 그쳤다. 거대한 침묵이 우주를 덮쳤다. 침묵과 함께 어둠이 스며들었다. 아무 소리도 들리지 않았다. 아무것도 보이지 않았다. 진동하던 땅도, 춤추던 바다도, 빛나던 하늘도 아무것도 없었다. 우주는 침묵과 어둠 자체가 되었다.

"……."

시스템이 멈췄다. 아이라이크 서버가 다운되었다.

반본환원返本還原

25. 현실로 돌아오다

고타는 눈을 번쩍 떴다. 아침 햇살이 눈을 찔렀다. 다시 눈을 감으려던 고타는 벌떡 일어났다. 익숙한 느낌의 침대였다. 바로 옆에는 푸른색 버튼이 있었다. 아이라이크 접속 버튼이었다. 고타는 정신이 번쩍 들었다.

"이곳은……?"

집이었다. 고타의 방. 현실의 공간.

"내가 돌아온 건가?"

고타는 믿기지 않았다. 어떻게 된 일인지 알 수 없었다. 고타가 기억하는 마지막 장면은 몸이 녹아내린 것과 웃음소리를 들은 것이었다. 그게 아이라이크의 끝이었다. 그 끝부터 필름이 되감기며 모든 장면이 떠올랐다. 현실에서 겪은 일은 어제 것도 기억나지 않는데, 가상현실에서 경험한 일은 눈앞의 현실처럼 생생했다. 마치 머릿속에서 기계가 돌아가는 느낌이었다.

기억을 되살리다 보니 고타는 불안한 마음이 들었다.

"엄마!"

고타는 방 밖으로 나가 거실을 둘러봤다. 그런데 집은 휑했다. 오늘은 일요일이었다. 그런데 집에 아무도 없었다. 가족들이 모두 어디에 갔는지 몰랐다. 고타는 엄마에게 전화를 걸었지만 연결이 되지 않았다. 하지만 그게 중요한 건 아니라는 생각이 들었다. 지금 중요한 건, 자신이 현실 세계로 돌아왔다는 것, 아이라이크에서 벗어났다는 사실이었다.

'정말 벗어난 건가?'

고타는 의심이 솟았다. 용수와 제나가 떠올랐다. 그 애들은 어떻게 됐을까? 먼저 용수에게 전화를 걸었다. 용수는 금방 전화를 받았다.

"왜?"

용수의 꽉 잠긴 목소리가 들려왔다. 자다 일어난 듯했다. 고타는 너무 반가웠다.

"잘 있는 거야?"

"있지, 그럼."

용수는 귀찮아 하는 음성이었다.

"별일은 없고?"

고타가 다시 물었다.

"별일은 무슨. 눈 떴으니 다시 눈 감고 아이라이크 나 해야겠다."

"잠깐!"

고타가 소리쳤다. 용수를 말려야 한다는 생각이 들 었다. 고타가 간신히 빠져나온 그 세계에 용수가 들 어가 무슨 일을 당할지 몰랐다. 영문을 모르는 용수 가 "왜?" 하고 물었다.

"지금 아이라이크에 들어가려고?"

고타가 빠르게 말했다.

"응."

"하지 말고 기다려. 내가 금방 갈게."

고타는 이미 현관에서 신발을 신고 있었다.

"우리 집에 온다고?"

용수는 고타와 같은 아파트 단지에 살고 있었다. 단지가 큰 아파트이긴 했지만 몇 분이면 닿을 거리였다. 고타는 용수와 통화를 끝내고 밖으로 나왔다.

눈부신 봄날이었다. 아파트 단지 안에 연분홍빛 벚꽃이 흩날리고 연둣빛 나뭇잎이 출렁거렸다. 향기로운 햇살과 평화로운 봄기운이 온 누리에 퍼져 있었다. 고타는 입을 벌렸다. 아름다움과 경이로움 자체였다.

'이것이 현실인가?'

고타는 믿을 수가 없었다. 세상이 비현실적으로 보일 만큼 아름다웠다. 그리고 사랑의 에너지로 가득했다. 온 세상이 사랑으로 빚어진 것 같았다. 이토록 찬란한 세계는 지금껏 경험해 본 적이 없었다. 한마디로 환상적이었다.

'혹시 아직 아이라이크?'

다시 불안감과 함께 의구심이 솟아났다. 고타가 알던 현실은 이렇게 아름답고 충만한 세계가 아니었다.

또 다른 가상현실에 들어온 건지도 몰랐다. 빨리 용수를 만나 사실을 확인해야겠다는 생각이 들었다. 고타는 용수의 집을 향해 잰걸음을 놀렸다.

26. 살아 있는 세계와 죽어 있는 세계

"무슨 일이야?"

용수가 현관에서 고타를 맞았다. 세수도 하지 않은 얼굴이었다.

"밖에 나가봤어?"

"아니, 좀 전에 일어났잖아."

"그럼 지금 밖을 봐봐."

고타는 용수와 함께 거실 창 앞으로 갔다.

"뭔 일이라도?"

용수가 시큰둥하게 물었다.

"안 보여?"

"뭐가?"

"저기, 꽃, 그……."

고타는 자신의 눈에 비친 세상을 어떻게 설명해야 할지 몰랐다. 자신이 가진 언어가 한없이 궁색하게 느껴졌다. 어떤 말로도 세상에 가득 찬 생명의 아름다움을 표현하기 힘들었다. 용수는 반쯤 뜬 눈으로 고타를 보며 대꾸했다.

"꽃구경하라고 여기까지 찾아온 거야?"

"아니, 그게 아니라……."

고타는 용수의 표정을 살폈다. 용수의 눈은 빛나지 않았다. 고타에게 보이는 아름다움이 용수에겐 보이지 않는 모양이었다. 고타는 자신이 느끼는 것을 표현할 단어를 생각해냈다. 살아 있음, 그것이었다.

"세상을 봐. 살아 있잖아."

고타가 용수 어깨에 손을 얹으며 말했다.

"죽어 있는데."

용수가 심드렁하게 대꾸했다. 고타는 자신이 사는 세계와 용수가 사는 세계가 다른 게 아닌가 싶었다. 살아 있는 세계와 죽어 있는 세계, 그 두 가지가 현실에 공존하고 있는 건 아닌가.

"너무나 생생히 살아 있는데……."

고타는 입술을 달싹였지만 더 표현할 말을 찾지 못했다. 고타를 바라보던 용수가 어이없다는 얼굴로 물었다.

"아이라이크엔 왜 들어가지 말라는 거야?"

"어, 그게."

고타는 용수에게 아이라이크에서 겪은 일을 그대로 이야기했다. 황소의 문을 열고 들어가 서버가 다운되기까지……. 그런데 용수의 무덤덤한 표정은 바뀌지 않았다.

"그게 뭐 어쨌다는 거야?"

"아무렇지 않단 말이야? 하마터면 그 속에서 살 뻔했는데."

고타의 말에 용수가 웃음을 터뜨렸다.

"넌 원래 아이라이크에서 살던 애잖아."

고타는 말문이 막혔다. 그 말은 사실이었다. 하지만 지금은 달랐다. 고타는 자신이 아이라이크를 완전히 깼다는 생각이 들었다. 더 이상 거기 들어갈 일은 없을 것이다.

"나도 너처럼 살아 보려고."

용수가 말하며 방으로 들어갔다. 아이라이크에 접속하려는 모양이었다. 고타는 급히 용수를 따라갔다.

"그러지 마. 어쩌면 큰일 날 수도 있어."

고타가 용수를 말렸지만 용수는 아랑곳하지 않았다. 오히려 고타의 말이 용수를 더 부추기는 듯했다.

"네가 말한 게 사실이라면 나도 한번 겪어보고 싶은데."

용수가 말하며 침대에 누웠다. 아이라이크 접속을 위한 자세였다. 고타가 용수의 팔을 잡았다.

"하지 말라니까."

"이제 그만 가 줄래?"

용수가 팔을 빼며 눈을 감았다.

"제발, 용수야!"

고타가 소리쳤지만 용수는 기어이 접속 버튼을 눌렀다. 고타는 가슴이 철렁 내려앉았다. 아이라이크에서 삭제된 용수가 떠올랐다. 거기서 잃었던 친구를 현실에서 또다시 잃어버릴 것만 같았다. 고타는 누워 있는 용수 곁에서 눈을 떼지 않았다.

그런데 그때였다. 용수의 감겼던 눈이 다시 떠졌다.

"어, 이거 고장이네."

용수가 미간을 찌푸렸다.

27. 가상 같은 현실과 현실 같은 가상

"고장이라고?"

고타의 표정이 밝아졌다.

"그래, 먹통이야."

"내가 그랬잖아. 서버 다운됐다고."

고타가 의기양양하게 말했다. 드디어 자기 말을 입
증할 증거를 확보한 듯했다.

"뭐야, 그럼 너 때문에……."

용수의 표정이 일그러졌다.

"내가 크게 웃어서 다운됐다니까."

고타가 진지한 얼굴로 힘주어 말했다. 그런데 용수
는 피식 웃더니 고개를 설레설레 흔들었다.

"네가 웃어서 아이라이크가……?"

"응, 그렇다니까."

"제발 정신 차려!"

용수가 소리치며 벌떡 일어났다. 그리고 다시 쏘아붙였다.

"대체 왜 그러는 거야, 아까부터?"

"내가 뭘?"

고타는 용수의 기세에 목소리를 낮췄다.

"아이라이크에 미쳐 있더니, 정말 미친 거야?"

용수의 얼굴이 벌게졌다.

"왜 그래? 난 사실을 말한 것뿐이야. 현실이……."

"현실? 가상현실?"

용수가 매섭게 다그쳤다. 고타의 얼굴이 달아올랐다. 할 말이 많았지만 입을 다물었다. 더 얘기 해봤자 통하지 않을 게 뻔했다.

"됐다, 됐어. 나 이만 갈게."

고타는 용수의 집에서 나왔다. 힘이 쭉 빠졌다. 자신이 정말 이상해진 게 아닌가 싶기도 했다. 용수의 말이 계속 귓전에 맴돌았다. 현실, 가상현실, 현실, 가상현실……. 현실과 가상현실은 다르면서 비슷했다. 현실은 가상 같고 가상은 현실 같았다. 가상 같은 현실과 현실 같은 가상……. 생각할수록 고타의 머릿속은 혼돈으로 가득 찼다. 더 생각하다간 머리가 터질 것만 같았다.

고타는 아이라이크에서 끝까지 함께했던 제나가 떠올랐다. 제나를 만나 대화를 하고 싶었다. 제나라면 다른 이야기를 할지도 몰랐다. 현실에서 둘은 전혀 가까운 사이가 아니었지만 같은 반 소속이라 전화번호는 알고 있었다.

통화 버튼을 누르기 전, 고타는 심호흡으로 마음을 다잡았다. 욕을 먹어도, 전화를 안 받아도 할 수 없다고 생각했다. 그런데 벨이 울리자마자 제나의 목소리가 날아왔다.

"고타!"

제나는 친한 사이처럼 대뜸 이름을 불렀다. 그리고 곧바로 말했다.

"기다리고 있었어."

"어? 진짜?"

고타 얼굴이 봄볕처럼 환해졌다.

"그래. 우리 만날까?"

제나의 집도 멀지 않은 곳에 있었다. 두 사람은 근처 공원에서 만났다. 그들이 아이라이크에서 경험한 것은 똑같았다. 제나는 가짜가 아니었다. 제나는 실제로 고타와 함께 그 모든 일을 겪은 것이다. 고타는 가슴이 뛰었다. 이제 모든 게 해결된 것 같았다. 그런데 제나의 표정은 별로 밝지 않았다.

"무슨 문제라도 있어?"

고타가 제나를 보며 물었다. 제나는 고개를 저었다. 그러나 표정은 변하지 않았다. 고타는 제나의 기분을 풀어주고 싶었다.

"우리 때문에 서버가 다운된 게 사실이지?"

"아마 그럴 거야. 그런데……."

대답하던 제나가 말을 멈췄다.

"그런데 뭐?"

"좀 이상해."

제나가 고타를 바라봤다.

"뭐가?"

"우리가 거기서 너무 쉽게 나왔다는 생각, 넌 안들어?"

제나의 눈이 날카롭게 빛났다. 고타는 손에 땀이 뱄다.

"너무 쉽게 나왔다니……?"

"우리는 아무것도 한 게 없잖아."

"왜 아무것도 한 게 없어?"

고타가 받아쳤다. 심장이 쿵쿵거렸다.

"뭘 했는데? 그냥 가만히 녹아서 사라졌지, 눈사람처럼."

고타의 간담이 서늘해졌다.

28. 현실, 꿈, 소설

눈사람이라니.

고타는 잠시 제나의 말을 곱씹었다. 그런데 아무리 생각해도 지나친 표현 같았다. 자신이 그렇게 무력한 존재는 아니었다. 눈사람은 타인의 손에 만들어져 그냥 가만히 서 있다가 녹아서 사라진다. 고타는 그렇게 살지는 않았다. 게임 세계에서도 최선을 다해 달리고 싸우고 레벨업을 했다.

"마지막엔 그랬다 해도 거기에 이른 과정이 있잖아."

고타는 아이라이크에서 겪었던 모든 일이 생생하게 떠올랐다. 아무것도 하지 않은 게 아니라 오히려

너무 많은 일을 한 것 같았다. 그런데 제나는 고개를
흔들었다.

"난 아무래도 이상해. 너무 쉽게 끝났어. 서버가 다
운된 것도 그렇고……."

제나 말을 듣고 보니 또 그런 것 같기도 했다. 고타
는 다시 마음이 흔들렸다. 용수의 말도 자꾸만 귀에
맴돌았다. 제나도 용수와 같은 생각을 하는 것일까?
고타는 제나의 마음을 확실히 알고 싶었다.

"그래서 결론이 뭐야?"

고타의 말투가 딱딱해졌다.

"어쩌면……."

제나는 더 말하지 않았다. 하지만 고타는 이어질
말을 짐작할 수 있었다. 여기 또한 아이라이크가 아
닐까, 제나도 의심하고 있는 것이다. 아직 게임이 끝
나지 않은 게 아닐까. 하지만 그 말을 입 밖에 낼 수는
없었다. 그럼 더 깊은 미궁에 빠질 것 같았다.

"너무 심각하게 생각하지 말자."

고타가 벤치에서 일어났다. 제나는 일어나지 않
았다.

고타는 홀로 공원 밖으로 나왔다. 그리고 다시 세상을 봤다. 그런데 아까만큼 세상이 아름답게 보이지 않았다. 꽃, 나무, 햇살 모두 그대로였지만 전체적으로 톤이 다운된 느낌이었다. 사랑과 생명으로 충만했던 기분도 간데없었다.

'대체 왜 이런 거지?'

고타는 용수의 시큰둥한 표정이 떠올랐다. 제나의 어두운 얼굴도 생각났다. 하지만 이 세계를 가상현실이라 생각할 수는 없었다. 이곳엔 아이도 없고 투명한 몸도 없다. 정령 따위도 없고 푸른 황소도 나타나지 않는다.

'하지만 그게 현실이라는 증거가 될까?'

고타는 답을 내릴 수 없었다. 아이라이크에서 현실과 똑같은 세계에 들어간 적도 있었다. 그때는 아이가 허공에 떠 있는 걸 보고 현실이 아님을 알았다. 하지만 이번 세계에서는 그런 힌트가 사라진 거라면?

'내일 학교에 가서 더 많은 사람들에게 물어봐야겠다.'

그 방법뿐인 듯했다.

다음 날, 고타는 수업 시간에 발표를 했다. '내 인생 최고의 일'이란 주제로 글을 쓴 뒤 그 내용을 공유하는 시간이었다. 고타는 빠르게 글을 작성한 뒤 제일 먼저 손을 들었다. 할 얘기가 많았다. 자신이 경험한 모든 일을 모두와 나누고 싶었다.

"저는 아이라이크 마니아였습니다. 하루도 빠짐없이 게임 세계에 들어가 살았습니다. 저에겐 현실보다 더 현실적인 공간이 아이라이크였습니다. 그곳에서 저는 거대한 몸을 가진 강력한 존재였습니다. 그런데 어느 날, 그곳에서 푸른 황소를 만나게 되었습니다. 저는 푸른 황소의 흔적을 따라가면서……."

고타는 물 흐르듯 자연스럽게 경험담을 쏟아냈다. 아이라이크에서 겪은 일들이 눈앞에 그려지는 듯 생생했다. 아이들은 눈을 동그랗게 뜨고 고타의 말을 경청했다. 교실에도 아이라이크 마니아들은 많았지만 아무도 그런 경험을 한 사람은 없었다. 그렇게 고타의 발표가 마무리될 즈음이었다.

"그래서 아이라이크 서버가 다운됐고 저는 현실에 와 있었습니다. 그럼 여기는 현실일까요, 가상현실일까요?"

고타가 선생님과 아이들을 둘러보며 물었다. 그런데 모두들 어리둥절한 표정이었다.

"그럼 네가 시스템을 다운시켰다는 거니?"

선생님이 낮은 소리로 고타에게 물었다. 아이들이 크게 웃었다. 고타의 얼굴이 달아올랐다. 고타는 사람들의 반응이 용수의 그것과 다르지 않음을 보았다. 가장 친한 친구조차 고타의 말을 믿지 않았고 모두가 똑같았다. 고타는 그것이 누구의 잘못도 아님을 깨달았다.

"아니요."

고타가 대답했다.

"그럼?"

"저는 꿈 얘기를 한 거예요."

"꿈 얘기라니?"

"제가 자면서 꿈꾼 거요. 인생 최고의 꿈."

그 말에 아이들은 하나둘 고개를 끄덕였다.

"고타의 꿈 이야기엔 지어낸 내용도 섞여 있는 것 같은데?"

선생님이 웃으며 다시 물었다.

"네, 맞아요."

고타도 웃으며 대답했다.

"어느 부분이 지어낸 거지?"

선생님이 고타에게 한 걸음 다가왔다.

"전부 다요."

고타의 말에 모두가 박장대소를 했다.

"전부 지어낸 이야기라고?"

"네, 제 소설이에요."

29. 또 다른 나

제나는 고타의 발표를 들으며 속이 개운해졌다. 먹구름으로 가득했던 마음에 햇빛이 비치는 느낌이었다. 고타는 발표 글에서 제나 이야기를 하지 않았다. 제나를 '또 다른 나'라고 표현했다.

"저는 또 다른 나와 함께 아이에서 벗어나 우주가 되었습니다. 우리는 엄청난 자유와 해방감을 느꼈습니다. 우리가 할 일은 그저 기쁨을 표현하는 것뿐이었습니다. 우리는 크게 웃었습니다. 계속해서 웃었습니다……."

제나는 웃음이 나왔다. 고타와 하나가 되고 우주가 됐을 때, 둘은 모든 것을 이룬 것이었다. 제나의 머릿속에 아이라이크에서의 짧고도 긴 역사가 파노라마처럼 떠올랐다.

제나도 고타와 마찬가지로 아이라이크 마니아였다. 제나는 현실에서 마음이 통하는 사람이 없었다. 가족들은 제나와 너무 달랐고 학교에는 친구가 없었다. 제나는 열일곱 살이 되도록 자신을 이해하는 사람을 한 명도 만나지 못했다.

제나의 주된 관심사는 '나'였다. 자신이 누구인지, 이 세상에서 무엇을 해야 하는지 알고 싶었다. 다른 사람을 만나러 나가는 대신 자기 안으로 들어가 나라는 존재를 만나고 싶었다. 그런 생각과 바람이 너무 커서 다른 것은 제나의 마음에 들어오지 않았다.

그런데 제나가 이런 얘기를 하면 부모님은 제나를 나무랐다. 공부는 안 하고 딴생각만 하는구나, 하며 꾸중을 했다. 속생각을 털어놓을수록 자기만 이상한 사람이 되는 것 같았다. 그래서 제나는 입을 다물었다. 그리고 자신만의 세계에 빠져들었다.

그러던 중 알게 된 것이 아이라이크였다. 이 세계에서 제나는 숨겨져 있던 자신을 발견한 것 같았다.

여기서는 자기가 진짜 좋아하는 게 뭔지 알 수 있었다. 좋아하는 퀘스트만 오픈된다는 것도 신기했다. 그리고 퀘스트를 깨면 레벨이 오르고 몸이 커졌다. 몸이 커지면 생각도 커졌다. 그러면 세계가 내 존재에 따라 변화하고 업그레이드된다. 그건 정말 경이로운 체험이었다.

그러던 중 레벨 100이 되었을 때 이상한 일이 생겼다. 만렙에 이른 제나는 아무것도 예측할 수 없는 게임의 새로운 영역으로 들어갔다. 거기서 고타를 만나게 되었다. 고타를 만난 뒤 게임은 더욱 예측할 수 없는 쪽으로 펼쳐졌다. 현실보다 강렬한 사건들 속에서 죽음까지 경험했다. 그러나 그 모든 과정이 필요했던 것이었다. 결국 이렇게 다시 현실로 돌아왔으니까.

"감사합니다."

고타의 발표가 끝났다. 제나가 고타를 바라봤다. 고타는 부처님처럼 한 손을 들어 올렸다. 제나가 미소로 응답했다. 고타도 미소 지으며 자리에 앉았다. 해야 할 일을 마친 듯 가슴이 뿌듯해졌다.

제나는 고타의 발표도 좋았지만 고타와 선생님이

나눈 대화가 더 마음에 와닿았다. 마치 자신의 속생각을 두 사람이 짧은 문답으로 보여준 것 같았다. 선생님은 고타의 경험이 진짜인지 물었고 고타는 여유 있게 둘러댔다. 그것은 꿈이고 소설이고 이야기라고. 제나는 그 순간 가슴이 뜨거워졌고, 고타와 선생님이 또 다른 자신처럼 느껴졌다. 자기에게 깨우침을 주기 위해 두 사람이 대화를 나눈 것 같았다.

어쩌면 삶의 모든 것이 꿈이고 소설인지도 몰랐다. 그리고 자신은 고타와 함께 꿈을 꾸고 이야기를 만든 것이었다. 게임 세계에선 게임이 진짜고 꿈속에서는 꿈이 진짜고 소설 속에선 이야기가 진짜다. 그 모든 것은 가상인 동시에 현실이다. 제나의 머릿속에 그런 생각이 이어졌고, 제나도 발표를 한 뒤 박수를 받았다.

수업이 끝나자 용수와 제나가 고타에게 왔다.

"어제 했던 말도 다 지어낸 거지?"

용수의 말에 고타가 덤덤하게 고개를 끄덕였다.

"전부 꾸며낸 이야기라고?"

제나가 웃으며 물었다. 고타는 말없이 눈웃음으로

대꾸했다.

"너희 무슨 일 있었냐?"

용수가 두 사람을 번갈아 보며 물었다.

"무슨 일은. 그냥 게임 좀 했지."

고타의 말에 제나가 웃었다.

"게임 좀 그만하고…… 우리 아이월드 가자."

용수가 자유이용권을 보이며 말했다.

입전수수 入廛垂手

30. 아이월드

세 사람은 테마파크인 아이월드에 갔다. 용수와 제나는 아이월드에 와 본 적이 있었지만 고타는 처음이었다. 그래서 새로운 세계에 입장한 것처럼 신선하면서 낯설었다. 아이월드 안에는 화려하고 기이하게 생긴 기구들이 많았다. 고타 눈이 휘둥그레졌다.

"왠지 새로운 게임을 시작하는 기분이야."

고타가 주위를 둘러보며 말했다.

"또 시작이냐? 여긴 게임 세계가 아니야, 놀이공원이지."

용수가 핀잔을 줬다.

"그래, 여기선 그냥 놀이기구 타고 즐기면 돼."

제나가 덧붙였다. 그리고 눈앞에 있는 회전목마를 가리켰다.

"이거 타자."

셋은 보석으로 장식된 회전목마에 올라탔다. 단순한 놀이기구였지만 실제로 타보니 꽤 스릴이 있었다. 몸이 오르내리는 동시에 옆으로 돌아가니 묘한 재미가 있었다. 고타는 모든 게임을 끝내고 여유롭게 세상을 즐기는 기분이 들었다. 게임 세계보다 실제 현실이 더 재미있다는 걸 느꼈다. 그런데 그때였다.

"어? 저건?"

뭔가가 고타 눈에 들어왔다. 노란 것이 어딘가 익숙했다. 그런데 목마가 돌아가면서 시야에서 사라졌다.

'뭐지?'

고타는 눈을 크게 뜨고 그것을 찾았다. 그건 쉽게 찾을 수 있었다. 사방 어디에나 그 노란 것이 있었기 때문이다. 고타의 등줄기가 서늘해졌다.

그것은 노란 정령이었다. 고타는 눈앞이 빙글거리고 구토가 나올 것 같았다. 그때 마침 회전목마가 멈쳤다. 고타는 쓰러지듯 목마에서 내려왔다.

"야, 왜 그래?"

용수가 고타의 어깨를 잡았다. 제나도 걱정스런 표정을 지었다.

"봤어?"

고타가 물었다.

"뭘?"

"노란 정령."

고타가 제나를 바라봤다.

"정령이라니?"

"저거."

고타가 허공에 떠 있는 노란 것을 가리켰다. 그건 분명 아이라이크에서 만났던 정령이었다. 가상과 현실 사이 중간계에 나타나는 그것.

용수와 제나가 동시에 웃음을 터뜨렸다.

"저건 정령이 아니라 캐릭터야."

"아이월드 캐릭터."

두 사람이 이어 말했다.

"그래?"

고타의 현기증이 그제야 멈췄다. 아이월드에서 노란 정령처럼 생긴 캐릭터를 쓴다는 게 이상했지만 일단 마음을 추슬렀다.

"아이라이크와 아이월드는 같은 회사잖아."

용수가 말했다.

"아, 그렇구나."

고타가 고개를 끄덕였다. 같은 회사라니 이상할 게 없었다. 그런데 그때, 고타의 손등에 뭔가가 떨어졌다. 젤리 같은 축축한 것이었다.

'정령의 진액!'

고타는 그 느낌을 기억했다. 차갑고 섬뜩한, 몸이 녹아내리는 기분. 이곳이 여전히 게임 속이라는 증거였다.

"으악!"

고타가 비명을 질렀다.

"왜 그래?"

"이, 이거……."

고타가 손을 내밀었다. 그런데 액체가 닿은 손등에 하트 표시가 생겨났다. 이 또한 익숙한 모양이었지만 고타의 의심이 마음에 퍼지기도 전에 용수가 외쳤다.

"와, 하트다!"

"너 당첨됐어!"

용수와 제나가 박수를 쳤다.

"뭐라고?"

고타는 두 사람이 왜 기뻐하는지 알 수 없었다.

"하트는 오늘의 주인공 표시야. 고타 네가 아이월드 주인공으로 뽑힌 거야."

아이월드에서는 날마다 랜덤으로 주인공을 뽑아 선물을 준다고 했다. 오늘의 선물은 아이월드 1년 자유이용권이었다.

"와, 대박이다!"

고타는 환호하는 두 친구 사이에서 함께 웃었다. 행운의 표시를 죽음의 진액으로 착각하다니. 자신은 얼마나 가상현실에 빠져 있던 것일까. 사실은 아직도 헷갈렸지만 이제는 괴로운 생각에 마음 쓰지 않기로 했다. 주인공이 됐으니까. 나는 내가 사는 모든 세계의 주인이니까.

"좋은 날이니 신나게 놀아보자!"

고타는 아이월드 메인 광장으로 달려갔다. 두 사람도 고타를 따라 달렸다. 셋 모두가 주인공처럼 빛났다. 테마파크 천장에서 노란 꽃가루가 쏟아져 내렸다.

작가의 말

불교 십우도十牛圖는 오랫동안 나의 관심 속에 있었다. 소와 목동이 나오는 열 단계 그림은 자체로 영감 덩어리였다. 이를 재창조할 여러 구상안이 있었는데, 그중 하나가 이렇게 『아이 찾는 아이』로 나오게 되었다.

본성 찾는 과정을 다루고 있기에 다소 어렵게 느껴질 수 있는 십우도 테마를 쉽고 재미있는 이야기로 풀어내 열 살부터 백 살까지 누구나 즐길 수 있도록 창작한 것이 이 소설의 특징이다. 가상현실과 아바타가 나오는 게임 스토리를 전면에 내세웠지만 상징적이고 함축적인 의미가 담겨 있어 이야기 흐름에 참여하면서 자아와 세계에 대한 성찰의 시간을 가질 수 있을 것이다.

십우도는 크게 두 가지 버전이 있는데, 그 핵심적

차이는 깨달음을 세상에 전하는 단계의 유무에 있다. 이 책에서 사용한 곽암의 십우도는 그 단계(입전수수)가 있는 것이다. 이와 관련해 최근에 겪은 일화가 있다.

'동굴 밖의 진리를 깨달은 사람은 동굴로 돌아가 다른 사람에게 진리를 전해야 하는가?' 내가 출강 중인 대학 중간고사에서 플라톤의 '동굴의 비유'와 연관해 출제한 문제이다. 철학 과목 특성상 정답은 없고, 자기 생각을 전개하는 과정에 주안점을 둔다.

이에 대부분의 학생이 '전하지 않아도 된다'는 의견을 제시했다. 다수의 생각과 다른 것을 얘기했을 때 이를 수용하는 사람이 적거나 자신에게 돌아오는 이득이 없다는 것이 주된 이유였다. 드물지만 전체의 발전을 위해 깨달음을 공유해야 한다는 입장도 있었는데, 그런 생각을 가진 한 학생이 물었다. '교수님의 의견은 어떠한가?' 이에 나는 이렇게 대답했다. '진리는 지식이나 정보와 달리, 표현하는 것까지가 진리다.'

이를 십우도 도해에 비추면 '입전수수入廛垂手'가

된다. '저잣거리에 들어가 손을 드리우다'로 직역되는 이 최종 단계의 목적은 흔히 오해되듯 타인이나 세상을 변화시키는 것이 아니다. 입전수수 전 단계인 반본환원返本還源은 본래 자성이 드러나 내외가 충만한 상태이다. 따라서 반본환원에서 입전수수로의 전환은 중생을 교화하거나 세상을 바로잡으려는 심리에 근거할 수가 없다.

깨달음 혹은 진리는 자체로 충만하여 흘러넘치는 것이다. 그것은 에너지다. 그 에너지가 형상의 세계에 흘러들어(入塵) 모습을 드러내면(垂手) 작품이 된다. 특히 이야기로 표현된 작품은 사상서나 교과서처럼 직설화법을 쓰는 대신 비유나 상징을 통해 발언한다. 작품은 그저 세상에 손을 내밀고 있을 뿐인 것이다. 그 손을 잡는 것은 어디까지나 독자의 몫이다.

표현으로 완성되는 진리는 소유물의 개념이 아니다. 내 안의 것이 외적으로 구현되면 그것은 더 이상 나의 것이 아니게 된다. 작가는 자신의 작품과 분리되며 창작을 통해 내면이 비워진다. 그 '비워진' 상태가 바로 진리다. 진리란 역설적으로 진리와 분리된,

진리를 비워낸 상태인 것이다. 그 비움의 크기만큼 자기의 본래면목이 드러난다. 따라서 깨달음의 본질은 타인을 바꾸는 것이 아니라 자기 자신이 되는 데 있다. 자신이 된 존재는 그 존재 자체로 타인 속의 그 자신을 깨우게 된다.

이러한 '진리' 작업의 하나로 이 작품을 썼다. 이로써 2024년 결실의 계절, 또 하나의 진리가 열매를 맺게 되었다. 이 책을 세상에 내놓으며 책의 무게만큼 가벼워지고 또 비워졌다. 그리고 비워진 만큼 나 자신이 되었다. 깨달음은 창작처럼 부단한 과정이다. 또한 그 과정이 삶이다.

김태라

김태라

2013년 《서울신문》 신춘문예로 등단했다. 2023년 「사람의 아들」
로 이병주스마트소설상 대상을 수상했으며 중편소설 「용」으로
아르코문학창작기금을 받았다. 2021년 장편소설 『소울메이커』가
카카오페이지 NEXT PAGE에 선정되었고, 청소년소설 『러브 바이
러스』로 경기문화재단 예술창작지원금을 수혜했다. 지은 책으로
장편소설 『숲의 존재들』, 『소울메이커』, 『러브 바이러스』 등이 있
다. 대학에서 강의를 하면서 소설을 쓰고 있다.

https://brunch.co.kr/@kimtaera

아이 찾는 아이

초판 1쇄 인쇄 2024년 12월 10일 | **초판 1쇄 발행** 2024년 12월 19일
지은이 김태라 | **펴낸이** 김시열
펴낸곳 도서출판 운주사

(02832) 서울시 성북구 동소문로 67-1 성심빌딩 3층
전화 (02) 926-8361 | **팩스** 0505-115-8361
ISBN 978-89-5746-860-9 03810　값 15,000원
http://cafe.daum.net/unjubooks 〈다음카페: 도서출판 운주사〉